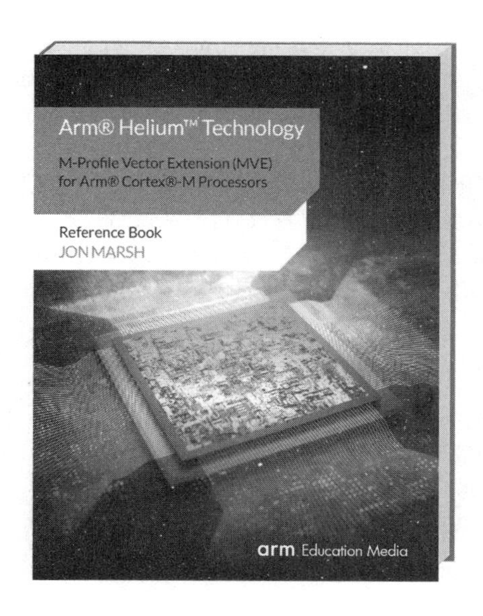


Arm Helium Technology M-Profile Vector Extension (MVE)
for Arm Cortex-M Processors Reference Book

# Arm Helium技术指南

## Cortex-M系列处理器的
## 矢量运算扩展

[英] 乔恩·马什（Jon Marsh） 著
张湘楠　曹 凯　常玲浩　梅济东　译

**图书在版编目（CIP）数据**

Arm Helium 技术指南：Cortex-M 系列处理器的矢量运算扩展 /（英）乔恩・马什（Jon Marsh）著；张湘楠等译 . —北京：机械工业出版社，2023.12

（电子与嵌入式系统设计译丛）

书名原文：Arm Helium Technology M-Profile Vector Extension (MVE) for Arm Cortex-M Processors Reference Book

ISBN 978-7-111-73871-8

Ⅰ. ① A…　Ⅱ. ①乔… ②张…　Ⅲ. ①微处理器 – 矢量 – 运算方式　Ⅳ. ① TP332

中国国家版本馆 CIP 数据核字（2023）第 176368 号

机械工业出版社（北京市百万庄大街22号　邮政编码100037）

策划编辑：赵亮宇　　责任编辑：赵亮宇

责任校对：张亚楠　陈　越　　责任印制：郜　敏

三河市国英印务有限公司印刷

2023 年 12 月第 1 版第 1 次印刷

186mm × 240mm・13 印张・259 千字

标准书号：ISBN 978-7-111-73871-8

定价：79.00 元

电话服务

客服电话：010-88361066

010-88379833

010-68326294

网络服务

机　工　官　网：www.cmpbook.com

机　工　官　博：weibo.com/cmp1952

金　书　网：www.golden-book.com

机工教育服务网：www.cmpedu.com

# 译 者 序

基于 Arm 架构的微控制器通常面积很小，能效比很高，具有较短的流水线和较低的时钟频率，主要面向物联网（Internet of Things，IoT）领域。随着物联网技术和应用突飞猛进的发展，终端设备对延迟、能耗和安全等要求也越来越严苛，为了应对新领域的动向和满足市场的更高需求，Arm 架构的演进也在与时俱进。

为此，Arm Cortex-M 处理器系列中又引入了一项重要的创新——增加了 M 系列矢量扩展（M-Profile Vector Extension，MVE），该扩展能针对资源有限的微控制器，在减少内存开销的同时为机器学习和数字信号处理应用程序带来显著的性能提升，使微控制器级别的设备在没有其他专用处理器的情况下能够应对更广泛的应用。进一步来看，引入该扩展可以使整个嵌入式系统的硬件设计变得简单，也使软件开发更容易，而不必针对系统中不同架构的设备单独开发软件，这使得成本进一步降低。

本书正是 Arm 处理器专家 Jon Marsh 针对该扩展所著的权威指南。书中涵盖了相关的基础知识、实用的 Helium 编程和性能优化技术，以及 MVE 典型应用场景。本书用相当长的篇幅详细介绍了 Helium 架构及指令，所以无论是入门还是进阶，这都是一本不错的参考书。

本书适合对微控制器的新技术感兴趣或者希望了解 Arm Helium 技术的工程师和学生等阅读。学习本书需要具备计算机基础知识，了解 Arm Cortex-M 处理器，同时熟悉 C 语言和 Arm 汇编语言编程。

本书中文版的出版离不开各方的大力支持。感谢同人的辛勤劳动，感谢本书编辑的支持，也感谢出版社能够给我们这样的机会，为本书中文版的出版尽一点绵薄之力。

由于译者水平有限，书中难免会出现错误和不尽如人意的地方，敬请各位专家和广大读者批评指正。最后，希望本书能够给你的工作和学习带来一些帮助。

# 序

因为个人兴趣所在，我在 Arm 工作了大约 20 年。也正是在这段时间里，电子行业以及 Arm 发生了令人难以置信的变化。

在我加入 Arm 之前，Jon Marsh 就已经加入了这家公司（大约是在 1997 年）。我很高兴能够认识 Jon 并和他一起工作。我通常负责组织 Arm 的客户培训活动，而 Jon 是团队中非常出色的培训师。Jon 对授课内容有深刻的理解，也能够用易懂的方式清晰地解释复杂的主题。更难能可贵的是，他将这两种能力结合在了一起。

当 Jon 加入 Arm 时，Arm 的处理器在手机行业已经非常流行，并开始在其他市场生根发芽。应用工程团队为全球快速增长的芯片及软件开发人员提供支持和培训，而 Jon 则是该团队的关键成员之一。

自 1999 年加入 Arm 以来，我有幸见证了 Arm 一次又一次地“提高标准”。1994 年推出的 Thumb 指令集可以说是 Arm 处理器系列中第一个也是最重要的创新。它改变了游戏规则，针对资源有限的处理器，在减少内存开销的同时极大地提升了处理器性能。Arm7TDMI 在手机行业被广泛采用，并成为 Arm 的第一个全球成功案例。在接下来的几年里，Arm 以惊人的速度不断创新变革：Arm920T 转变为哈佛总线架构；Arm926EJ-S 具有硬件 Java 加速功能的完全可综合 IP 内核；Arm11 系列首先实现 Thumb-2 指令集、TrustZone 安全架构，以及涉足多处理器扩展；2004 年转向 Cortex 品牌，它的三个不同系列的处理器内核 A、R 和 M 分别针对高性能、硬实时和大众市场的微控制器。

正是这种进入微控制器领域的举措推动了 15 年来 Arm 处理器出货量的惊人增长。我最近向一名嵌入式行业资深从业人员提问：你认为过去 50 年嵌入式计算中最主要的游戏规则改变者是谁？他毫不犹豫地回答道：“Cortex-M3。它将 32 位计算能力以不到 1 美元的价格交到了嵌入式开发人员手中。这改变了一切。”这可能存在个人偏好的因素，但我认同他的观点。当你参加嵌入式行业活动，查找组件经销商的产品展示卡时，你会发现 Cortex-M3 及其派生产品无处不在。

Cortex-M 微控制器的发展并没有止步于 Cortex-M3。Cortex-M0 和 Cortex-M0+ 的面

积变得更小；Cortex-M1 可以应用于 FPGA 市场；Cortex-M4 拥有了浮点计算和数字信号处理（Digital Signal Processing，DSP）能力；Cortex-M23 和 Cortex-M33 则首次将硬件的 TrustZone 安全特性引入微控制器。

现在，借助 Cortex-M55，Arm 不仅又一次改变了游戏规则，还将微控制器引入了另一个全新的领域。Cortex-M55 处理器是第一个实现 Helium 技术（即 M 系列矢量扩展）的 Arm 内核。Cortex-M55 增加了一个矢量处理指令集扩展，该扩展能够极大地提高内核进行数字信号处理和机器学习（Machine Learning，ML）运算的性能。

你可能会问，为什么要进行这样的改变？为什么 Arm 现在进行这样的改变如此重要？原因是我们看到分布式系统的构建方式发生了变化。一直以来，微控制器并不具备单独处理涉及 DSP 和 ML 应用的能力，因此设计人员经常需要在设备中添加单独的 DSP 来处理它们。这样的设计使得硬件设计更加复杂，同时，由于需要多个工具链来处理在具有不同架构的设备上运行的单独应用程序，软件开发也会变得更加困难。高速网络的出现使得将数据定期发送到服务器进行处理成为可能，但是这个方法本身也存在问题。它不仅会给系统带来潜在的不可接受的延迟，还会增加安全风险和能耗。而最根本的问题是方法本身固有的，它缺乏可扩展性——带宽和服务器容量都不是无限的。

因此，人们正在将高性能数据处理尽可能地放在网络边缘位置，最好是放在终端设备的处理器上进行。简而言之，Cortex-M55 让这一切成为可能。

早期的 Cortex-M 微控制器内核基于 Armv7-M 架构，主要依靠整型指令集进行计算。Cortex-M4 和 Cortex-M7 包括提供浮点计算和加速某些 DSP 操作的扩展，使其适用于更广泛的工作负载。 基于 Armv8.1-M 架构的 Cortex-M55 则更进一步，实现了 Helium MVE。

这些扩展为 Cortex-M 系列处理器增加了新的功能——并行地处理矢量数据。对于某些类别的工作负载，主要是 DSP，这样的能力可以显著提高吞吐量，使微控制器级别的设备能够在没有其他帮助的情况下处理更广泛的用例。

这些扩展可以用于应对嵌入式设备日益复杂的挑战，满足更丰富和更复杂的用户界面需求、触屏和语音控制的使用需求，以及融合和处理来自越来越广泛的传感器阵列的数据的需求。

这本书很好地介绍了这种新功能。在本书的前几章中，Jon 介绍了非常基础且易于理解的基本概念，包括单指令多数据（Single Instruction, Multiple Data，SIMD）、矢量处理、浮点和定点数据表示以及饱和运算。在对 MVE 架构进行概述之后，后续章节将指令集拆分成几个部分来进行讨论，涵盖了流水线结构、预测和分支处理、数据处理及内存访问等主题。

本书中最实用的部分介绍了具有 Helium 功能的内核（例如 Cortex-M55）的编码机制，包括编译、调试和优化。

最后，本书总结了如何实现 DSP 和 ML，这也是最重要的部分。同样，在这一部分中，先对基本原理进行详细介绍，接着介绍关于编码及优化关键算法和技术（例如傅里叶变换、滤波和神经网络）的实用建议。

我很开心能够向所有希望将知识扩展到新领域的软件开发人员推荐这本书。

Chris Shore

Arm 汽车与物联网业务产品管理总监

2020 年 9 月

# 前　　言

本书旨在介绍 Arm 的 Helium 技术，即针对 Arm Cortex-M 系列处理器的矢量运算扩展。Helium 为微控制器带来了令人兴奋的新功能，允许在低成本、低功耗的设备上运行复杂的数字信号处理或机器学习应用程序。

本书旨在为那些想要了解这些新特性的工程师和学生提供帮助。本书不是数字信号处理器（Digital Signal Processor，DSP）编程的入门书籍，阅读本书的前提是对 C 语言和 Arm 汇编语言有所了解。

## 排版约定

本书遵循如下排版约定。

- 汇编程序代码：

  ```
  VADD Q0, Q0, Q1
  ```

- C 程序代码：

  ```
  printf("Hello World");
  ```

- 寄存器位采用方括号表示，例如 Q0[15:0] 表示寄存器 Q0 的第 15 位到第 0 位。
- 十六进制数值的前缀为 0x（例如，0x10 代表十进制的 16），二进制数值的前缀为 0b（例如，0b101 代表十进制的 5）。
- 在语法描述中，指令域 < > 中的内容必须用合适的值代替，{} 表示可选内容。
- C/C++ 函数（包括 Helium 原语函数）名称采用小写字母表示。

## 致谢

感谢 Arm Education Media 为我提供了撰写本书的机会，并使本书得以出版。感谢安谋科技教育计划程鸿先生和宋斌先生对本书的支持。

许多人都对本书做出了贡献。我要特别感谢来自 Arm France 的 Fabien Klein 和 Christophe Favergeon，以及来自 Arm 应用工程团队的 Salman Arif 和 Edmund Player，感谢他们在示例代码、培训材料的获取和问题的诸多建议及答案方面提供帮助。我还要感谢 François Botman、Sjoerd Meijer 和 Hanno Becker，感谢他们提供专业的评审意见。没有他们的帮助，本书不可能完成。

Jon Marsh

2020 年 9 月

# 目　录

# 第1章 绪　论

本书是为希望了解更多关于 Arm Helium 技术（Arm Cortex-M 系列处理器的矢量扩展）的软件工程师编写的。它适合希望从包含专用 DSP 的系统迁移到 Helium 的工程师，希望了解或使用最新功能的 Cortex-M 微控制器用户，以及那些想要使用 Cortex-M 处理器入门学习神经网络和机器学习算法的工程师阅读。

本书假设读者对 C 语言编程有一定了解，但是书中会给出易于理解的示例代码。我们希望使用高级语言的形式编写 Helium 代码，不过熟悉一些低级代码和汇编语言的知识对程序的调试和优化会很有用。同样，为了更好地介绍 Helium 技术，假设读者对 Cortex-M 处理器和 DSP 理论知识有一定的了解，尽管本书将在必要时简要回顾这些领域的知识。读者不妨参考 Joseph Yiu 写的关于 Cortex-M 家族的优秀书籍《Arm Cortex-M23 和 Cortex-M33 微处理器权威指南》[㊀]，或者 Arm Education Media 出版的介绍 DSP 的书籍。

本书不能替代 Arm 架构参考手册（Arm Architecture Reference Manual，Arm ARM），后者提供处理器实现的详细规范，并作为软件开发人员对 Arm 指令集架构的参考。

第 1 章将介绍 Helium 的主要新特性并将之与其他 Arm SIMD 和 DSP 选项进行比较，还将探究每项新特性。第 2 章介绍 SIMD 的基础知识。第 3 章介绍 Helium 寄存器、数据格式和其他架构基础。第 4～6 章将详细介绍 Helium 相关指令集。第 7 章和第 8 章介绍关于 Helium 代码编写、性能评估和代码优化的各种方法。在这些章节的末尾，给读者留有少量问题，可以用来检查读者对关键点的理解。在“参考答案”部分可以找到这些问题对应的简要答案。

本书的其余章节将重点介绍示例，回顾一些基本的 DSP 操作以及探讨它们如何通过 Helium 实现，然后再介绍一些具体的实际应用。最后，介绍 Helium 如何将有趣且有用的机器学习算法运行在 Cortex-M 微控制器上。

---

㊀ 该书由机械工业出版社出版，书号为 978-7-111-73402-4。——编辑注

## 1.1 Helium 简介

Arm 是业界领先的微处理器供应商，给客户提供范围广泛的微处理器内核，以满足几乎所有应用市场的性能、功耗和成本要求。该公司不生产硅片。相反，Arm 设计微处理器，并将其授权给半导体公司和原始设备制造商（Original Equipment Manufacturer，OEM），然后由它们将已授权的微处理器设计集成到片上系统（System on Chip，SoC）设备中去。由此，一个由 1000 多家公司组成的生态系统设计和制造硅片，并编写开发工具和软件。

在介绍 Helium 之前，理解 Arm 的架构与具体实现之间的区别会很有用。为了保证不同处理器之间的兼容性，Arm 定义了一系列架构规范。这些规范提供了关于中央处理单元（Central Processing Unit，CPU）之间为了保持兼容性必须满足的行为的相关定义。每一款实现 Arm 架构的处理器都必须遵从特定版本的 Arm 架构。

Arm 处理器广泛用于不同的应用，具有不同的应用性能和价位——从物联网传感器节点到超级计算机。这意味着客户有相当广泛的处理器可供选择。这些处理器都是按照不同配置文件分类的，并遵从不同版本的 Arm 架构。

- Cortex-A——应用处理器。它们被用于非常复杂或超高性能的场景中，这些场景一般需要支持操作系统，如 Linux、Windows 或 Android。
- Cortex-R——这些处理器针对实时系统，例如硬盘驱动控制器和移动手机基带等系统。
- Cortex-M——微控制器类的处理器。这些处理器常用于要求低成本或低功耗的系统，或更具确定性、中断响应更快速的系统中。据 Arm 统计，截至 2019 年，全球已经制造了超过 450 亿个基于 Cortex-M 的芯片。

另外，Arm 采用品牌名称 Neoverse 来命名其在基础设施市场领域的产品。

Cortex-M 处理器非常小，可以很容易地集成到 SoC 设计中。这些处理器实现了被称为 M 系列的 Arm 架构的某一个版本。几个不同的版本如下所示。

- Armv6-M——这是由 Cortex-M0、Cortex-M0+ 和 Cortex-M1 处理器实现的。这些非常流行的 CPU 具有高能效和小型化的特点。（Arm 声称在 40 纳米工艺制程下 Cortex-M0+ 的面积仅为 0.006 6 平方毫米，这也就意味着每平方毫米的硅片上可以容纳 150 个这样的 CPU。）
- Armv7-M——该版本的架构由 Cortex-M3、Cortex-M4 和 Cortex-M7 处理器实现，这些处理器具有更高的性能。Armv7-M 的指令集架构提供了对增量寻址模式、条件执行、位域处理以及乘加硬件的支持。Cortex-M4 和 Cortex-M7 支持 32 位 SIMD 操作和可选的浮点单元（Floating-Point Unit，FPU）。该浮点单元可能是 Cortex-M4 或 Cortex-M7 支持的单精度浮点单元，也可能是 Cortex-M7 上面可选的双精度浮点单元。Cortex-M7

是超标量的架构，可以支持高速缓存和紧耦合内存（Tightly-Coupled Memory，TCM）。

- Armv8-M——此版本的架构添加了一些新功能，例如对 TrustZone 安全扩展的支持，并由最新的 Cortex-M 处理器（例如 Cortex-M23 和 Cortex-M33）实现。

Arm 公司还提供了 Ethos 系列的神经元处理单元（Neural Processing Unit，NPU）。这款 Ethos-U55 微神经元处理单元旨在加速面积受限的嵌入式和物联网设备中机器学习推理算法的性能。

## 1.2　Armv8.1-M 架构

2019 年 2 月，Arm 公布了 Armv8.1-M 架构。这是 Armv8-M 架构的扩展版本，包括一系列新特性。新的矢量指令集架构 Helium 是本书的主要关注点，除此之外，还有其他几个新特性：

- 循环和分支增强的附加指令集（低开销分支扩展）。本书的 3.3 节和 6.1 节将介绍该内容。
- 支持半精度浮点指令。本书的第 4 章将介绍该内容。
- 调试功能增强，包括性能监测单元（Performance Monitoring Unit，PMU）和针对信号处理应用开发的调试附加功能支持。信号处理调试的功能包括能够设置断点——该断点在达到一定的计数值时被触发（即停止执行代码并将控制权交给调试器），以及能够设置带有位掩码的数据观察点——可用于数据值的比较（例如，用于查找特定范围内的信号值）。这些内容将在第 8 章介绍。

还有一些与 Helium 没有直接关系的新特性或者没有被涵盖在本书中的新特性。有关这些内容的更多详细信息，请参阅 Arm 文档。

- 用于 FPU 的 TrustZone 管理的增强指令集。这个特性使得在安全和非安全代码之间进行上下文切换时，如果两者都使用 FPU，切换速度更快。当非安全代码调用安全的应用程序接口（Application Programming Interface，API）函数时，安全代码能够对非安全状态下的浮点状态和控制寄存器（Floating-Point Status and Control Register，FPSCR）进行保存与恢复。如果需要，这允许安全 API 使用与非安全代码不同的 FPU 配置。
- 非特权调试扩展，允许将细粒度调试访问权限仅授予选定的支持非特权访问的模块。
- 内存保护单元（Memory Protection Unit，MPU）提供了一个新的内存属性，即“特权模式下永不执行”（Privileged eXecute Never，PXN）的属性。这允许当 CPU 处于特权模式时阻止执行任意代码，而这些代码可能已经写入了用户空间。这是一个重要的安全特性。
- 可靠性、可用性和可维护性（Reliability, Availability and Serviceability，RAS）扩展。

这提供了一个编程模型和机制，可用于处理 CPU 硬件故障，也可避免损坏的数据在软件上下文中传播［例如，一个新的错误同步屏障指令（ESB）］。

需要注意的是，所有现有的 Armv8-M 软件都可以在 Armv8.1-M 上运行，以轻松实现软件移植。

基于 Armv8.1-M 架构的第一款处理器是由 Arm 在 2020 年 2 月宣布的 Cortex-M55 处理器。

本书的核心主题是 Arm Helium 技术——Arm Cortex-M 系列处理器的 MVE。它是 Armv8.1-M 架构的扩展，可以显著提升机器学习和数字信号处理应用的性能。

借助 Helium，Arm Cortex-M 处理器可以提供许多应用所需要的计算性能。这些应用包括音频、传感器集线器、关键字识别和语言命令控制、电力电子、通信（例如在物联网领域）和静态图像处理（在摄影领域）等。

Helium 为 Cortex-M 系列处理器提供了单指令多数据功能。这也表示它提供一组 128 位寄存器，例如可用于保存 16 个单独的 8 位数值。单条指令可以独立地对这些 128 位数值中的每个值进行操作（例如，对每个值单独执行乘法）。这类指令被列为 Arm 处理器现有 Thumb 指令集的扩展指令。

Helium 指令集对具有相同数据类型元素的矢量进行操作。这些数据类型可以是浮点型或整型。整型元素可以是有符号或无符号 8 位、16 位、32 位或 64 位值，而浮点型元素可以是单精度（32 位）或半精度（16 位）浮点数。矢量寄存器元素的位置称为通道。Helium 指令集是规则且正交的，而且几乎所有这类指令在所有通道中执行相同的操作。这也表示大多数指令具有 *n* 个并行操作，其中 *n* 是由输入矢量的通道数。每个操作都包含在通道内。对于大多数指令而言，都不存在从一个通道进位或者溢出到另一个通道的情况，尽管第 4 章会有一些例外情况。

正如稍后会介绍的，Helium 通常不执行 64 位矢量运算，尽管某些指令可以产生 64 位结果，或者采用 64 位输入。正因为 Helium 所使用的寄存器组与浮点寄存器组是共用的，一些 Armv8-M 浮点扩展指令可以作用于 64 位宽的数据（例如 VLDR.64），并且硬件中对于 64 位双精度浮点数的支持是可选的。

要被执行的操作的通道宽度由正在执行的指令指定。例如，后缀为 .S16 表示指令将对存在于寄存器组中的有符号 16 位整型数据进行操作。

图 1-1 显示了 Helium 指令运行在 128 位宽的矢量上，这些矢量均由大小相同的元素组成。

Helium 允许指令交织执行。这意味着如果 CPU 的微架构支持这一特性，多条指令可能在指令流水线的执行阶段重叠。例如，一条矢量加载（VLDR）指令将多个字从内存中读取到一个矢量寄存器中，可以与使用该数据的矢量乘法（VMUL）指令同时执行。由 CPU 硬件设计人员决定每个时钟周期内执行多少个矢令块[⊖]（beat）（用 Arm 架构中更准确的术语来说是 Helium 实现中的一个架构节拍）。本书后面将更加详细地介绍这一点。

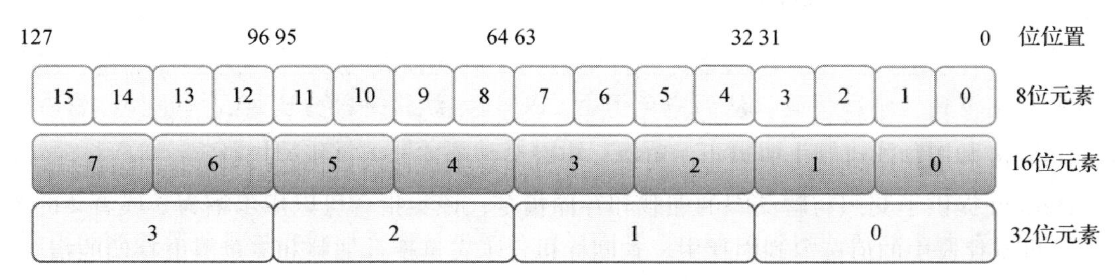


图 1-1　Helium 矢量元素

图 1-2 显示了多周期指令如何重叠执行。在这里可以观察到一条矢量加载指令和一条矢量乘加指令在第 3 个周期和第 4 个周期同时被执行的情况。

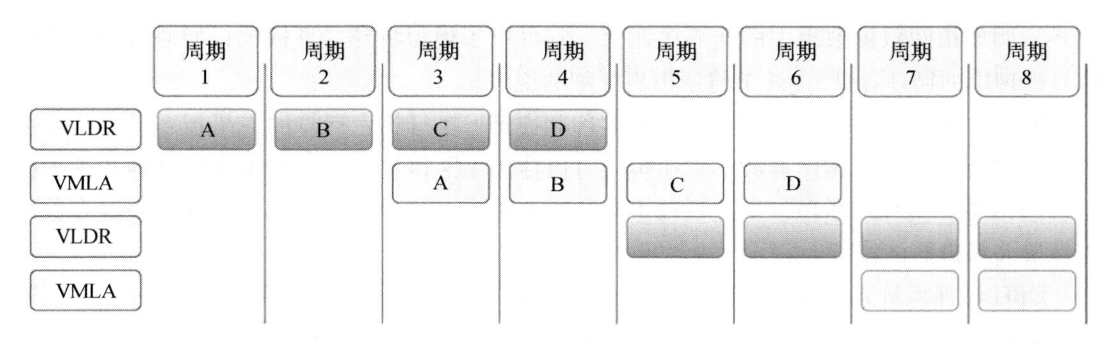


图 1-2　Helium 指令重叠

高效的基于矢量的 SIMD 机器的一个关键特性是编译器可以自动生成矢量化循环代码，以便每次循环迭代可以执行多个操作。例如，可以编写一个简单的内存复制例程来一次复制一个字，但编译器可以将其转换为一段更高效的代码，使其每次迭代可以复制一个或多个矢量寄存器的内容。但是，要复制的字数可能不是矢量长度的精确倍数，并且通常需要一些尾部清理代码来处理这个问题。Helium 清理方案需要使用一种称为循环尾部预测的技术来执行此操作。这将在 3.4 节中详细介绍。

Helium 还利用了一种称为通道预测的技术，它可以应用在那些单条指令可以有条件地在某些通道上操作，但不能在其他通道上运行的场景中。这使编译器得以避免产生分支，并成功地对使用复杂的 if-then-else 类型操作的代码进行矢量化。这将在 4.4 节详细介绍。

一些读者对“预测”一词可能并不熟悉。在许多计算机架构中，条件控制语句使程序

---

⊖ 矢量指令四分块，简称矢令块。——译者注

分支跳转到程序的其他位置，而具体跳转位置取决于一些比较或标志的结果。处理器将实现一些指令，例如条件分支、条件调用、返回和可能的跳转表等指令。预测是一个处理此类控制操作的替代方法，其中该类指令具有一些“预测”相关的表示（一个布尔值）。当执行此类指令时，只有在相关预测条件允许的情况下，才会修改处理器的状态或者内存值。这避免了跳转到一小段代码，从而避免了由 CPU 流水线带来的分支惩罚。正如你将看到的，Helium 利用预测机制生成更小、更快、更容易被编译器矢量化的代码。

Helium 提供了交织与解交织的加载和存储指令，该类指令可以用步幅为 2 或者 4 的跨度把矢量寄存器中的值读写到内存中。它同样包含了矢量聚合加载和矢量离散存储的指令。离散 - 聚合机制是指从非连续的内存位置将数据聚合加载到矢量寄存器，或者将数据从矢量寄存器中离散存储到非连续的内存位置内，而不是从单个缓冲区按顺序读取数据。这些指令提供对矢量寄存器中元素的内存访问，对矢量中的每个元素使用单独的地址偏移量，该偏移量具体的值则使用另一个矢量寄存器来存储。这允许软件有效地处理任意内存访问模式，例如访问数据数组中的非顺序元素。它可用于模拟特殊寻址模式，如通常用于数字信号处理中的循环寻址。5.2 节将给出更详细的说明。

最后，Helium 添加了对复数（具有实部和虚部）执行算术运算的矢量指令，这些复数可以是整数，也可以是浮点数。它还包括可以使用 128 位矢量寄存器来支持处理非常大的整数的指令。还有一些指令可以执行 128 位算术运算，并将这些运算链接在一起以支持更大数值的整数的运算。

CPU 设计人员有几种方法来实现符合 Armv8.1-M 架构的硬件：

- Helium 选项可以省略。这意味着只有 Armv8.1-M 整型内核，它也可以选择包括标量 FPU。该 FPU 可以支持双精度浮点运算。
- CPU 的实现可以包括 Helium，但仅支持整型矢量指令。同样，也可以包含可选的标量 FPU（是否支持双精度浮点运算也是可选的）。
- CPU 的实现包含支持整型矢量指令以及浮点型矢量指令的 Helium。

## 1.3 对比其他 Arm SIMD/DSP 特性

Arm 架构拥有超过 30 年的持续演进历史，在此期间，SIMD、矢量运算和 DSP 等运算方法被运用被在许多特性和扩展里。这里将简要回顾一下这些特性和扩展并展示 Helium 如何嵌入整个框图中。

在 2004 年，Arm Cortex-A8 CPU 是第一款包含了 Armv7-A 先进 SIMD 扩展属性（即人们熟悉的 Arm 商标 Neon）的 CPU。添加 SIMD 扩展的主要目的是加速在 CPU 上面运行的媒体处理算法。在 Armv8-A 系列中，随着架构迁移到 64 位（AArch64）后，Neon 增加了许多特性，其中包含完整的 IEEE 双精度浮点、64 位整型运算以及更多的寄存器组（32 个 128 位矢量寄存器）。

Cortex-A CPU 通常要比本书中介绍的 Cortex-M CPU 大好几个数量级（就硅芯片面积和门数而言）。Cortex-A CPU 通常配有很宽又很快的总线接口来访问缓存，这些接口允许在单个周期内一次读（或写）128 位的数据。相比而言，Cortex-M 处理器通常不会配有缓存，而且可能将数据存储在芯片内的静态随机存储器（Static RAM，SRAM）中，并且只有 32 位总线可用。此外，乘法器电路占用了相对较大的芯片面积和功耗 / 能耗。为了能够高效使用内存数据路径和乘法器，应该设计架构使得这两个模块尽可能频繁地被使用。这也就意味着简单地将 Neon 添加到 Cortex-M 处理器中并不是最优选择。

为了能在很小的处理器中获得高效的信号处理性能，并达到一定的性能点，在最初设计 Helium 时就考虑到了这些约束条件。它提供了许多新的架构特性来支持以前不太可能在 Cortex-M 设备上运行的应用程序。然而，正如我们所看到的一样，Helium 和 Neon 存在许多共同特征。

### 1.3.1 Helium 对比 Neon

Neon 是 A 系列处理器的架构扩展，其中包括 Arm Cortex-A 和 Neoverse，它们都提供了高性能的 SIMD 能力。Helium 和 Neon 有许多相似的地方，例如，Helium 和 Neon 均使用 FPU 中的寄存器作为矢量寄存器，两者均使用 128 位矢量并且许多矢量处理指令也是这两种架构共用的。

然而，Helium 是一种针对小型处理器实现高效信号处理性能的全新设计。它提供了许多专门针对嵌入式用例的新架构特性，因为它针对芯片面积（成本）和功耗进行了优化，所以赋予了 M 系列架构类似 Neon 的能力（通过 Cortex-A 的 SIMD 指令）。

优化后的 Helium 可以有效利用较小的 Cortex-M 内核中的所有可用硬件。它的矢量寄存器数量较少，一些操作可以同时使用矢量寄存器以及来自整型内核中标准的寄存器组 R0～R14 的标量值。Neon 也能够使用标量值来执行矢量运算，但标量值使用的是 FPU 寄存器组。本书后面介绍原语函数时将会提到 Helium 原语及 Neon 原语均使用 `'_n_'` 修饰符来修饰带有标量值的矢量运算。

Helium 支持半精度浮点（FP16）数据类型的运算，但并非所有 Neon 都支持 FP16（Armv8.2-A 架构为最新的 Cortex-A 处理器引入了 FP16）。此外，Helium 还具有其他特性，包括离散 – 聚合内存访存、支持复数运算、循环预测、通道预测以及许多额外的标量和矢量指令。

表 1-1 中总结了两个指令集之间的主要异同点。（Armv7-A 和 Armv8-A 的 Neon 在寄存器数量和其他功能方面存在一些差异。）

表 1-1 Helium 对比 Neon

| 比较项 | Helium | Neon |
| --- | --- | --- |
| 矢量大小 | 128 位 | 64 位或 128 位 |
| 矢量寄存器数量 | 8 | 16 或 32 |
| 半精度浮点型 | 是 | Arm v8.2-A 之后的支持 |
| 矢量指令可以使用 R0～R14 | 是 | 否 |
| 矢量间的归约操作 | 是 | 否 |
| 循环尾部预测和通道预测 | 是 | 否 |
| 离散 - 聚合内存访存 | 是 | 否 |
| 复数运算指令 | 是 | 否 |
| 成对运算（VPADD，VPMAX） | 否 | 是 |
| 基于微架构的复杂指令 | 否 | 是 |

Neon 有一些基于微架构的复杂指令（例如，计算平方根的 VSQRT 指令），而对于 Helium 而言，支持这些复杂指令需要的硅片更大。其他不支持的指令包括 VBIT、VCNT、VRECP、VSWP、VTBL、VTRN 以及 VZIP，但 Helium 允许更高效地模仿这些指令操作。例如，寄存器中的数据排列可以通过离散 - 聚合的方式实现，迭代的牛顿 - 拉弗森方法可用于快速得到矢量平方根 / 倒数。

### 1.3.2 Helium 对比可伸缩矢量扩展

2016 年，Arm 推出了适用于 Armv8-A 架构的可伸缩矢量扩展（Scalable Vector Extension，SVE）。这显著提升了在 AArch64（64 位）执行状态下架构的矢量处理能力。硬件实现可以支持的矢量长度从 128 位扩展到 2048 位。SVE 是对 Neon 的补充（不是替代品），它主要针对高性能计算（High Performance Computing，HPC）科学工作负载的场景。量子物理、天文学、气候科学、流体动力学和药物研究等领域的应用均可以利用极其强大的计算系统。SVE 增加了许多特性，它们允许矢量化的编译器在并行化现有代码方面做得更好。

SVE 允许 CPU 设计人员选择矢量长度，每个矢量寄存器的长度可以从 128 位到 2048 位不等。SVE 支持矢量长度待定（Vector-Length Agnostic，VLA）的编程模型，该模型可适配为可用的矢量长度，以便用户可以为 SVE 一次性编译代码，然后在不同性能点的实现上运行它。

显然，超级计算机相对于 Helium 应用场景下的嵌入式系统有非常不同的需求，但 Helium 和 SVE 有几个共同点，包括：

- 聚合加载和离散存储。

- 按通道预测。这允许对复杂的控制代码进行矢量化，并减少循环头部和尾部的串行化。
- 预测驱动的循环控制和管理。这同样减少了矢量化开销。

### 1.3.3　Helium 对比 Cortex-M 的 DSP 特性

实现架构 Armv7-M（或更高版本）的 Cortex-M 处理器包括一组 SIMD 指令集。这使它们能够在某些应用中取代独立运行的 DSP。

Cortex-M4、Cortex-M7、Cortex-M33 和 Cortex-M35P 处理器提供对 8 位或 16 位整数进行操作的 SIMD 指令。这类指令利用 CPU 中的标准寄存器组，不像 Helium，它使用一组单独的 8 个 128 位寄存器。这些标准整型内核寄存器（R0、R1 等）均为 32 位宽，但 SIMD 指令对 32 位寄存器中的 2 个 16 位值或 4 个 8 位值进行操作。这意味着每条指令最多有 4 个操作（相比之下，Helium 则有 16 个）。

正如我们将在本书中看到的，8 位或 16 位数据操作对于处理音频或视频数据很有用，它们可能不需要完整的 32 位精度。Armv7-M 中的 SIMD 指令针对特定的算法，不像 Helium 是高度正交的并且是一个很好的编译器目标。可以使用这些处理器上的可选 FPU 来加速浮点运算，但这并不提供 SIMD 或矢量运算。表 1-2 中总结了这些差异。

表 1-2　Helium 对比 Armv7-M 的 SIMD

| 比较项 | Helium | Armv7-M SIMD |
| --- | --- | --- |
| 矢量寄存器 | 是（8 × 128 位） | 否 |
| 浮点 SIMD | 是 | 否 |
| 每条指令操作次数 | 多达 16 次 | 多达 4 次 |
| 整型 SIMD 操作数大小 | 8 位、16 位和 32 位 | 8 位和 16 位 |

### 1.3.4　Helium 对比专用 DSP

许多当前系统使用独立的可编程 DSP 模块。在详细了解 Helium 之前，有必要介绍一下 DSP 的主要特性。DSP 通常设计为能够实现计算和内存访问的并行执行（这可能需要哈佛式的存储器接口，将之连接到单独的指令内存和数据内存）。它们通常提供单周期乘加（Multiply-Accumulate，MAC）指令、零开销循环、分数和饱和运算、循环缓冲区（或循环内存寻址模式）以及具有一个或多个“保护位”的累加器。

“保护位”的概念可能并不为所有读者所熟悉。在信号处理和定点运算中，它们用于避免累加时溢出。

既包含 CPU 又包含 DSP 的系统具有独立运行各个模块的优势。通过为 DSP 子系统提供最大的数据吞吐量，可以优化性能和功耗。但是，DSP 通常需要更专业的编程技能，并且通常需要与处理器匹配的单独工具链。每个 DSP 系列都有自己的特性，因此当从一个 DSP 系统移动到另一个 DSP 系统时，需要重写大量不可移植的代码。

## 1.4 Helium 用例

目前有许多系统将 Cortex-M 处理器与专用可编程的 DSP 处理器结合使用。Helium 允许这样的系统只用一个处理器来实现。这个方法有以下几个优点。

从软件开发的角度来看，它允许使用单个工具链，而不是分别对 CPU 和 DSP 使用各自的编译器和调试器。这意味着程序员只需要熟悉一种架构。另外，它还消除了对处理器间通信的需求。第二个因素可能非常重要，因为要对实时交互的两个运行时处理器中的不同软件进行调试既困难又耗时。Cortex-M 系列的 CPU 相比专用 DSP 而言，更易于编程，因为它对于矢量化编译器来说算是一个很好的目标（并且如果需要的话，手动编写汇编代码也更容易）。

同样，在硬件设计层面，使用一个处理器（而不是两个处理器）可以简化系统，从而减少芯片面积（和成本）并缩短设计周期。例如，只需要有一个内存系统，CPU 和 DSP 之间无须通过共享内存进行通信。

与常规的 Cortex-M Thumb 代码相比，Helium 可以提供显著的加速效果，其中，机器学习代码的性能提升高达 15 倍，DSP 算法的性能提升高达 5 倍。即使现有的 Cortex-M 系统性能足够强，这也很有用，因为它允许 CPU 花费更多时间休眠，从而降低动态功耗。

当前的一些系统只有一个独立的 DSP。在这里，Helium 允许使用 Cortex-M 处理器作为替代品。带 Helium 特性的 Cortex-M 处理器将为非 DSP 的工作负载提供更高的性能，其卓越的代码密度可以显著减少所需的内存占用量，从而降低整体系统成本。

## 1.5 问题

1. Helium 寄存器组中总共可以存储多少个 8 位整数？
2. 哪个版本的 Arm 架构引入了 Helium？
3. Helium 是否支持双精度浮点计算？

# 第 2 章 SIMD/ 矢量处理器概论

本章将介绍 SIMD/ 矢量计算机架构的基础知识，并介绍浮点数和定点数的表示。

## 2.1 SIMD/ 矢量处理

在继续研究 Helium 的细节之前，简要回顾一下一些计算机架构的基础知识是有用的。

SIMD 是一个描述硬件的术语，在该硬件中的多个处理单元中可以同时对多个数据项执行相同的操作。换句话说，CPU 可以同时执行并行计算，但只有一个指令正在执行。这意味着我们正在利用数据级并行性。

同理，标量操作是对单个数据项执行的操作。矢量运算则是一个对一维数据数组执行的操作。

SIMD 操作并不意味着采用的是超标量处理器。超标量意味着 CPU 通过同时将指令分派给不同处理器内的执行单元，在一个时钟周期内可以执行有多条指令。SIMD 也不应与多线程操作（Multiple Threaded Operation，SMT）混淆，后者可能具有并行运行的并发线程。

阿姆达尔定律（Amdahl's law）是一个可以在优化系统性能时计算其优化理论值的公式。该定律以计算机科学家 Gene Amdahl 的名字命名，他曾是 IBM System-360 大型机的首席架构师（据说还发明了营销术语 FUD——恐惧（Fear），不确定性（Uncertainty），质疑（Doubt））。在并行计算中，该定律用于表示使用多个处理器或处理元素实现的性能提升。例如，如果可以并行化算法，潜在性能提升会受到无法并行化的部分的限制。简单来说，如果可以并行化一段代码的 50%，最大加速比为 2 倍速。阿姆达尔定律在 SIMD 和矢量机领域中是很重要的。Helium 架构的许多设计决策均受阿姆达尔定律的启发。如果一次可以操作 16 个数据，而不是 1 个，那么潜在的数据吞吐量则增加了 16 倍，但前提是能够避免或最小化那些必须以标量方式运行的代码段。

## 2.2 浮点数和定点数

所有计算机软件都必须处理数字，因此需要一些方法来表示数字。本节将简要介绍定点运算和浮点运算。具有 DSP 或浮点经验的程序员也许可以跳过此部分。

可以使用几种不同的格式来表示 DSP 系统中的信号数据。

**1. 整数**

这是一种处理所有正数和负数的数字表示法。

**2. 定点数**

这是一种可以处理实数或小数的数字表示法，但只能处理小数点（基 10 标记法中的十进制小数点，或计算中的二进制小数点）之后（通常也可以是之前）固定数量的数字。这避免了处理浮点数复杂度带来的硬件开销。Q 格式通常用在定点表示的硬件实现中。在 Q 格式中，可以指定小数部分的位数，也可以选择指定整数部分的位数。例如，Q31 表示有 31 位小数位；Q1.14 表示有 1 个整数位和 14 个小数位。Helium 提供对 Q15 和 Q31 的支持。Q 格式中具有一个符号位，用它表示数值的正负，紧跟着一个二进制小数点，然后还有 15 位或者 31 位二进制数。16 位 Q15 格式或者 32 位的 Q31 格式小数值表示的范围为 −1 到 1。例如，十进制值 0.75 用带符号的 Q15 格式的定点数来表示，其对应的 16 位二进制数值为 0x6000。定点算术允许只使用整数硬件来处理小数运算。

在 Q15 格式中，实际上是使用 16 位来表示 [−1, +1) 的范围，而不是表示 [−32 768, +32 767] 的常规整数。定点表示是非对称的，所以可以表示的最小值是 −1.0，但可以表示的最大值比 +1.0 小一位（例如 32 767/32 768）。

可以通过简单的乘法将值从十进制表示转换为 Q15 格式。例如，可以使用如下代码初始化 Q15 格式的变量，而不必计算 0.123 在二进制小数中的值。

```
typedef short q15;
q15 a = 0.123 * 32768.0;
```

**3. 浮点数**

这是一种允许以类似于科学记数法的形式处理实数的数字表示法，以便用尾数和指数表示数字（例如，12 345 存储为 $1.234\ 5 \times 10^4$），其中 1.234 5 是尾数，4 是指数。浮点数可以处理比定点数范围更宽的值，从而能够以不同的准确性处理非常小的数值和非常大的数值。IEEE-754 标准通常用于指定浮点运算的表示和处理。

除了使用的格式之外，还必须注意用于表示一个数字的位数，8 位、16 位、32 位和 64 位数值很常见，在科学和密码学应用中甚至可以使用更大的数值。

IEEE-754 标准是计算机浮点数学实现的参考，包括 Arm 浮点系统。该标准精确定义了每个浮点运算在所有可能的输入值范围内将产生什么结果。

ANSI/IEEE-754 标准定义了一组用于表示浮点数的格式。它在原始（1985）版本的规范中描述的主要格式是：

- 32 位数——单精度。
- 64 位数——双精度。

该规范的最新版本增加了其他几种格式，包括 16 位（半精度），本章后面将更详细地介绍这部分内容。

- **单精度**。图 2-1 显示了如何使用单精度格式的 32 位。

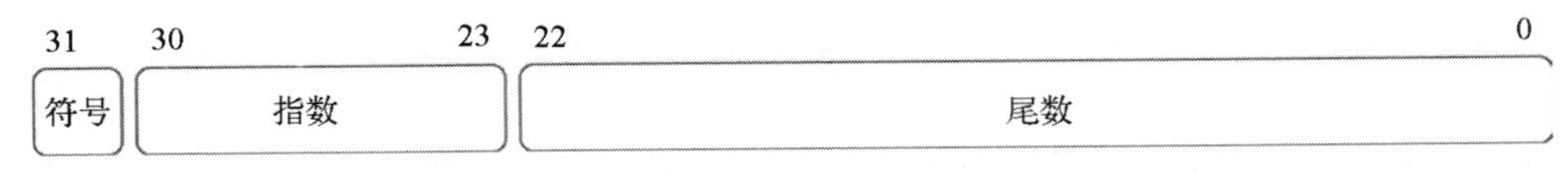


图 2-1　单精度浮点数格式

  - 位 31 表示符号位（0 表示正数，1 表示负数）。
  - 位 [30:23] 表示指数。
  - 位 [22:0] 表示尾数。

8 位指数域用于使用二进制偏移来存储 −127 和 128 之间的值。换句话说，存储在 8 位域中的值要减去 127。例如，指数值为 0 存储为 0111 1111（127）。

尾数由 23 位二进制小数组成。浮点数被归一化，所以二进制小数点的左边只有一个非零数字。换句话说，总是有一个隐含的二进制“1.”在尾数值前面。

因此，由 32 位二进制数据表示的实际值是

$$(-1)^{\text{符号位}} \times 2^{\text{指数}-127} \times 1.\text{尾数}$$

IEEE 规范使用某些特定的位模式来表示一些特殊情况：

  - 0 定义为一个数值的尾数位和指数位均为 0。
  - 一组非常小的“非规范化”数值是通过删除尾数中的前导数字是 1 的要求得到的。非规范化数值是一种特例。如果将指数位设置为 0，就可以通过设置尾数位来表示非常小的非零数值。因为规范化数值有一个隐含“1.”作为前导数，所以最接近 0 的标准化数值可以表示为 $\pm 2^{-126}$。为了获得更小的数值，1.m 尾数值释义被替换为 0.m 的释义。真正的软件中很少使用这么小的数值，在许多应用程序中可以将其忽略或者清零。
  - 一组称为非数值（Not a Number，NaN）的位模式。
  - 一组表示负无穷和正无穷的位模式。

- **双精度**。这类算术只是给尾数和指数增加了更多的位，因此位 63 是符号位，位

[62:52] 存储指数（这次偏移量为 1023 而不是 127），位 [51:0] 存储尾数。Helium 不支持对双精度浮点数做矢量运算。

IEEE-754 标准现在也定义了一个半精度浮点运算，称为 binary16，它有 1 个符号位、5 个指数位和 10 个尾数位。指数编码的偏移量为 15（即二进制值 00001 表示 −14，二进制值 11110 表示 15）。编码 00000 和 11111 具有特殊含义（分别为零 / 次规范化数值和无穷大或 NaN）。图 2-2 显示了半精度浮点数的格式。

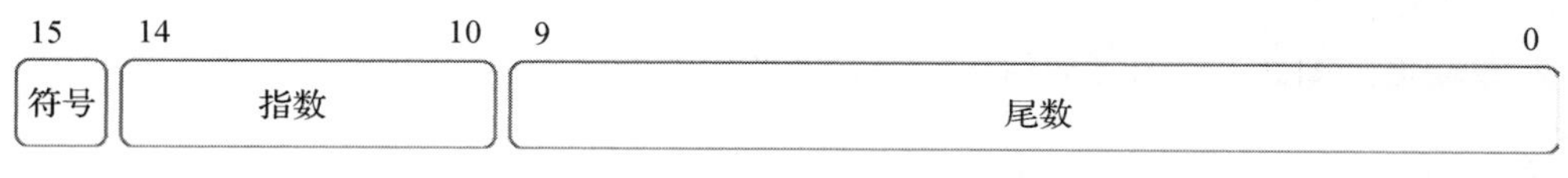


图 2-2　半精度浮点数格式

- **半精度**。它比单精度需要更少的内存存储（和带宽）。因为 Helium 矢量是固定的 128 位宽，所以它的运算量是单精度浮点每周期执行的运算量的两倍。这提供了显著的性能提升。这是以牺牲精度和范围为代价实现的，可能不适合某些算法。此外，C 编译器通常不支持半精度算术类型的使用，因为标准 C 浮点类型（float、double）不可映射到半精度浮点类型的表示。

在许多算法中，损失一点精度是性能增益可接受的折中选择，这种性能增益来自将每条指令的浮点运算数量增加一倍。因此，半精度浮点最近在神经网络应用中受到青睐，也可以应用在许多其他信号处理算法中，例如，在频谱分析中运行峰值检测。

### 4. 错误和舍入

当结果无法精确表示时，IEEE-754 规范描述了合规实现应执行的四舍五入操作。用一个简单的例子说明它，即 100.0/3.0 。它需要用无穷多个数值（在十进制和二进制中都一样）才能准确地表示。该规范给出了不同的舍入选项来应对这个问题（向正无穷大舍入、向负无穷大舍入、向零舍入及就近舍入）。

IEEE-754 还指定了当发生异常操作时的结果：

- 上溢出——结果太大而无法表示。
- 下溢出——结果太小以至于失去精度。
- 不精确——无法在不损失精度的情况下表示的结果。
- 无效——无法执行的计算，例如负数的平方根。
- 除零。

该规范还描述了当检测到这些异常操作时必须采取的措施。可能的结果包括生成 NaN 结果，或在下溢情况下生成非规范化数值。通常，DSP 和机器学习算法不会使用这一类值，并且 DSP 硬件不支持使用它们。Helium 矢量运算对此类异常情况不做检查。如果希望 C 编译器执行矢量化并生成 Helium 指令，则必须明确指定这些不需要考虑的情况，如第 7 章中介绍的。

存在一个可能隐藏的浮点表示方面的问题，那就是在 32 位整数和 32 位浮点数之间进行转换时的精度损失。32 位浮点数具有 23 位尾数，这意味着存在着大量 32 位整数，如果将其转换为 32 位浮点数则无法准确表示。如果软件将这样的值转换为浮点型，然后又返回整型，结果将是一个不同但接近原来整型数值的值。

## 2.2.1　饱和运算

定点数的算术运算很简单。如果使用传统的整数运算将两个 Q15 值相乘，得到的结果将是一个 30 位的值，其中两位来自原始符号值。为了将其转换为 Q31 值，需要将结果加倍。事实上，有必要对结果进行加倍并饱和。

如果将 Q15 的值 0x8000(−1) 乘以 0x8000(−1)，则结果为 0x40000000，即表示为 Q31 格式下的 0.5。如果将其加倍，就会得到 0x80000000，它表示 Q31 格式下的 −1，而不是正确答案 0x7FFFFFFF（最接近 +1.0 的值）。饱和可以防止这种从大的正值溢出到大的负值的情况，同样，也可以防止从小的负值溢出到小的正值。

有符号 Q15 计算的饱和意味着任何大于 0x7FFF 的结果都设置为 0x7FFF，并且任何小于 0x8000(−1) 的结果都会饱和到 0x8000。

为了将乘法的结果拟合到与其操作数相同的表示形式中，它必须被舍入或截断。尽管正如所见，丢失的小数位代表精度损失，但由于其结果不能超出 −1 到 1 的范围，因此不可能发生溢出。

但是，加法（或减法）有溢出的可能性。如果将两个定点数相加，每个都在 −1 和 1 之间，显然最大可能的结果是 2，即不能以 Q15 或 Q31 格式表示。在某些情况下，算法可能需要将此标记为错误并触发某种异常。在另外一些情况下，可以简单地执行减半操作，或者对结果进行饱和操作，以使得任何正溢出都是最大的正数，负溢出都是最大的负数。减半操作允许在减半之前使用中间扩展累加器进行非溢出操作。

## 2.2.2　定点和浮点 DSP

在编码 DSP 软件时，通常必须决定是使用定点数还是浮点数来表示信号。程序员使用浮点运算通常更简单。使用定点运算对程序进行重新编码可能要求很高并且需要时间。然而，浮点硬件通常比等效的定点硬件更昂贵、更慢且更耗电。定点值可能比浮点值占用更少的内存空间（尽管 Helium 上的半精度浮点数只需要 16 位值）。定点通常被老式的语音和音频编解码器强制要求使用，但正如将在本书后面看到的那样，它也应用于神经网络算法中。

浮点运算的使用提供了更大的动态范围，因为它允许处理小数和大数，这在处理非常大的数据集或范围不可预测的情况下非常有用。

但是，了解范围和精度之间的区别非常重要。使用定点表示法时，可以表示的相邻数字之间的间距始终相同。在浮点表示法中，相邻数字的间距不均匀，因为大数字之间的间距大于小数字之间的间距。在执行计算时，结果必须舍入到可以用其所用格式表示的最接近的值。

信号处理过程中数字的这种舍入或截断是量化误差或"噪声"的来源——模拟值和量化数字值之间的差异。

那些只需要低分辨率和低动态范围需求的应用可能会使用定点算术格式（例如，Q15 算术）。

### 2.2.3 Helium 浮点格式

Armv8.0-M 架构支持标量单精度（32 位）和双精度（64 位）浮点，因此这也适用于 Armv8.1-M。但是，Armv8.1-M 还提供以下支持：

- 标量半精度（16 位）浮点。
- 矢量半精度（16 位）浮点。
- 矢量单精度（32 位）浮点。

在 CPU 中对这些的支持是可选的。

前面已经介绍了利用矢量运算的优点，相比之下，添加半精度浮点支持的理由可能不太明显。它主要具备两大优势。其中一个是半精度与单精度相比，（使用 Helium）处理器能够同时处理的数据量是单精度的两倍。在一条指令中可以执行 8 个半精度浮点计算或 4 个单精度计算。另一个是与单精度或双精度相比，半精度数据需要的内存空间更少。那些需要宽动态范围，而不是高分辨率的领域，可以使用半精度浮点运算。这方面的例子可能包括由麦克风输入，用于关键字识别或者语音指令场景的音频数据。

### 2.2.4 C 数据类型和原语

Arm C 语言扩展（Arm C Language Extension，ACLE）软件标准允许 C/C++ 程序员以标准、可移植的方式利用 Arm 架构。它包括标准类型定义和原语函数。该规范可从以下位置下载：https://developer.arm.com/architectures/system-architectures/software-standards/acle。

许多使用 Cortex-M CPU 的程序员对 Cortex 微控制器软件接口标准（Cortex Microcontroller Software Interface Standard，CMSIS）都很熟悉（在第 7 章中介绍），它鼓励使用许多 C 语言的编码标准，特别是汽车工业软件可靠性协会指定的 C 语言编码标准（Motor Industry

Software Reliability Association-C，MISRA-C）。这个 C 编码标准使用 `typedef` 来保证 ANSI 类型的表示一致性，例如，使用 `int8_t` 而不是带符号的 `char`，使用 `uint16_t` 而不是无符号的 `short`，以此类推。全书将遵循这一项惯例。

在用 C 语言编写代码时，可能希望使用原语函数来访问 Helium 指令。这些原语函数都是通过调用伪函数实现的，编译器将其原语替换为适当的指令或指令序列。这些内容将在本书后面更详细地介绍，但在这里介绍它们，有助于阅读下面的示例代码。

Arm 编译器头文件 arm_mve.h 是 ACLE 标准的实现，它定义了一组不同大小的矢量类型，例如，`float32x4_t` 是 4 个 32 位浮点数的矢量（可以保存在单个 Q 寄存器中）。

可以使用一个矢量寄存器中能允许的数据类型和大小来定义矢量。

```
(u)int8x16_t, (u)int16x8_t, (u)int32x4_t, (u)int64x2_t, float16x8_t,
float32x4_t
```

相应地，对于一组需要 2 个寄存器的矢量：

```
(u)int8x16x2_t, (u)int16x8x2_t, (u)int32x4x2_t, float16x8x2_t,
float32x4x2_t
```

或者需要 4 个寄存器的矢量：

```
(u)int8x16x4_t, (u)int16x8x4_t, (u)int32x4x4_t, float16x8x4_t,
float32x4x4_t
```

编译器将矢量变量分配给 Helium 寄存器，并可以将矢量参数传递到这些寄存器中。泛型矢量类型的使用允许程序员以他们喜欢的方式解读这些矢量值。例如，寄存器中的一组整数可以被视为定点数值、复数、多项式等。

## 2.3　问题

1. SIMD 表示什么意思？
2. 如果对一个有符号的 8 位值执行饱和运算，可能的最大结果是多少？
3. 使用半精度浮点数有什么好处？

# 第 3 章 Helium 架构

本章主要介绍适用于几乎所有 Helium 指令集的基础概念，而每条指令的详细讲解将在第 4～6 章展开。

## 3.1 Helium 基础概念

设计 Helium 架构需要考虑一些重要的硬件约束。

Cortex-M 处理器以精简著称，只有少部分具有数据缓存。Cortex-M 处理器一般使用 32 位宽的 SRAM 作为存储数据的外部主存，这意味着加载一个 128 位宽的矢量数据也许需要花费 4 个周期。

此外，相比于 CPU 的尺寸而言，乘法器相对较大（因此，单位面积的硅片费用多且能耗高）。所以如果为了在每个周期执行一个 128 位的 MAC 运算而采用 4 个 32 位宽的乘法器将是非常昂贵的。

为了以最低的代价实现最好的性能，保持内存和乘法器硬件尽可能的处于工作状态是非常重要的。因此，Helium 的设计采用了计算机架构中的“矢量链”概念。

图 3-1 展示了一个含有矢量加载指令（`VLDR`）和矢量乘加指令（`VMLA`）的序列。每次操作 128 位宽的矢量，矢量被分为 4 个 32 位等宽的片段，这个片段在 Helium 中称为“矢令块”（beat）。图中的矢令块被分别标记为 A、B、C、D。无论数据元素大小，矢令块始终执行 32 位的运算，所以一个矢令块可能是 1 个 32 位的乘加运算，也可能是 2 个 16 位的乘加运算，或者是 2 个 8 位的乘加运算。在该图中，每条指令都是单周期执行的，在硬件上这可能需要 128 位宽的乘法器和 128 位宽的数据加载通路来实现（这也可能需要一个更大、更昂贵的处理器），或者通过在同样的时钟周期内重用更小的硬件来实现（这也许会导致较长的周期和较慢的时钟速度）。

然而，既然数据加载操作和乘加运算使用的是不同的硬件，那么 CPU 使这两种指令的矢令块重叠执行就是可行的，如图 3-2 所示。

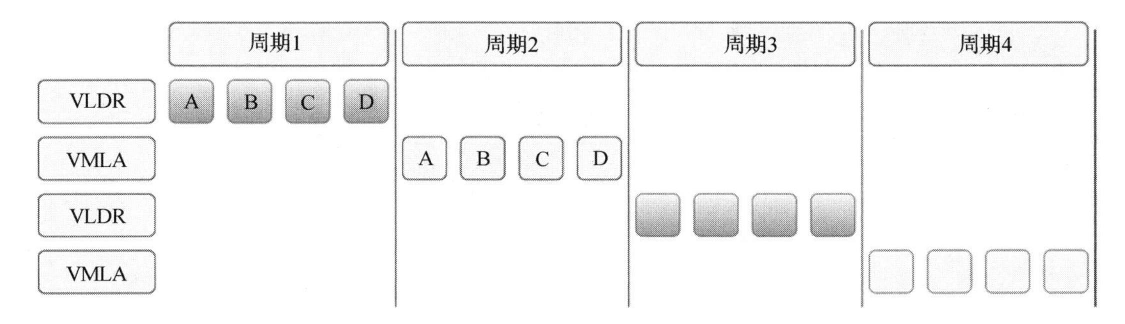


图 3-1　VLDR 和 VMLA 指令没有重叠的交织序列

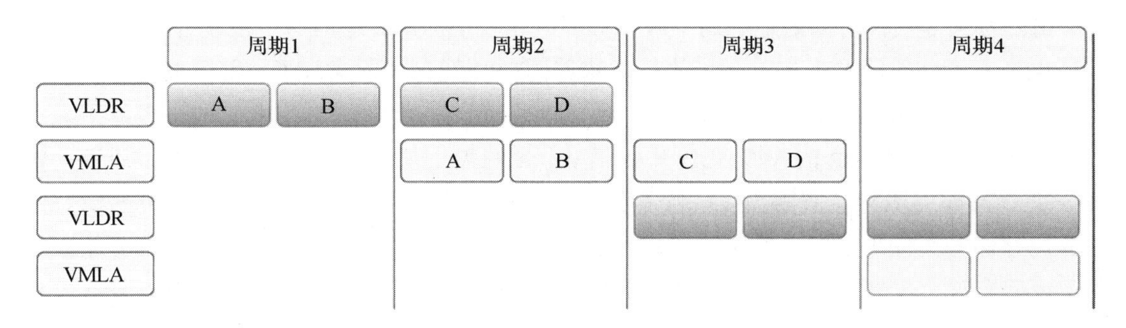


图 3-2　VLDR 和 VMLA 指令矢令块重叠

从图中可以看出，当前一条 VLDR 指令还在执行的时候，乘加指令就可以同时执行了，两条指令的执行是重叠的，即使随后的 VMLA 指令需要用到 VLDR 指令加载的值。这是因为 VMLA 指令的矢令块 A 仅仅依赖于 VLDR 指令的矢令块 A，既然 VLDR 指令的矢令块 A 已经在之前的周期执行完，那么重叠 VMLA 的矢令块 A、B 和 VLDR 的 C、D 就不会有问题。在该图中仍然是每周期处理双矢令块（即 64 位），这相对于最小的 Cortex-M 微控制器而言还是需要相当多的硬件资源。

图 3-3 展示了具有 32 位宽数据通路和 32 位乘法器的处理器如何处理同样的指令序列。

加载和乘法器的指令重叠使得 CPU 的性能是同等硬件资源的单发射（single-issue）标量处理器（对 8 个 32 位数据执行加载和乘加需要 8 个周期）的 2 倍，而不需要实现双发射（double-issue）处理器所需的面积和功耗开销。

“按矢令块（beat-wise）执行”的概念可以针对多个不同的性能点实现。CPU 设计者可以在不对架构进行任何修改的情况下，实现能够单周期执行 1 个矢令块、2 个矢令块或 4 个矢令块的硬件。为了确保指令的重叠执行正常工作，Helium 指令集设计为每条指令的每一个矢令块最多对 64 位的数据进行操作，并且矢量之间没有数据依赖。

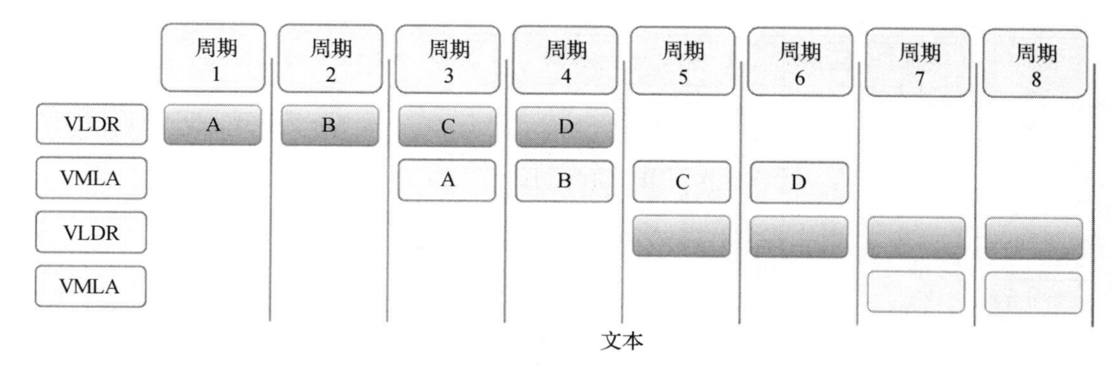


图 3-3 32 位宽数据通路和乘法器的 VLDR 和 VMLA 指令矢令块重叠

虽然按矢令块执行高效地利用了硬件资源，相较于标量处理器有了很显著的性能提升，但是也带来了一些问题。按矢令块执行意味着同一时刻有多条执行了一部分的指令，这使得在这种时刻处理中断和故障更加复杂。

在图 3-3 中，VLDR 的矢令块 D 开始于 VMLA 的矢令块 A 完成之后。所以，如果此时矢令块 D 操作的内存位置触发了一个故障，处理器需要记录接下来的指令是部分执行的。这通过存储一个体现了哪一个矢令块已经执行完成的值来实现。如果异常处理执行结束后程序返回到这个位置，那么硬件已经知道哪一个矢令块不该被重复执行（本书的 7.8.3 节将展示这些记录信息存储在寄存器 EPSR[⊖]的 ECI 域）。

这意味着硬件不需要有撤销部分执行指令影响的能力，否则将需要额外的硅面积。同时也意味着异常的处理不必等到当前执行中的指令执行完成，这对于低中断延迟是很重要的。

### 3.1.1 Helium 寄存器

Helium 使用 8 个 128 位宽的寄存器，如图 3-4 所示，这些寄存器由 Cortex-M 的标量浮点单元（FPU）共同使用。在 FPU 中使用 S0～S31 来访问 32 个单精度（32 位）寄存器。同样的硬件寄存器组也可以被看作 16 个双精度（64 位）寄存器 D0～D15，也就是 D0～S0、S1 共用 64 位相同的硬件寄存器。在 Helium 架构中，8 个矢量寄存器被命名为 Q0～Q7。Helium 寄存器 Q0 和 S0～S3、D0～D1 浮点寄存器使用相同的物理寄存器，Q1 和 S4～S7、D2～D3 浮点寄存器使用相同的物理寄存器，其他寄存器的共用情况以此类推。既然 Helium 寄存器重用了标量 FPU 寄存器，这意味着当发生异常时无须使用额外的资源

⊖ 原文错误，不该是 FPSCR，应该是 EPSR。—— 译者注

去保存和恢复这些寄存器（同样不影响中断延迟）。

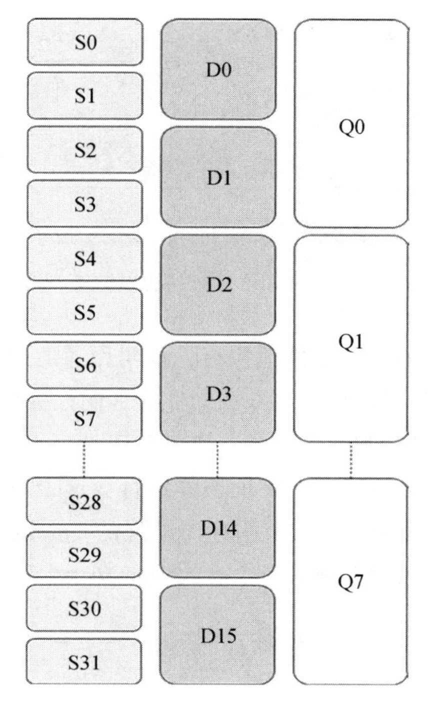


图 3-4　浮点 /Helium 寄存器组

人们可能会认为 8 个寄存器过少，不足以使编译器免于寄存器资源的压力，以及寄存器变量频繁地溢出到栈。但是，因为大部分指令可以利用标量寄存器，所以上述担忧通常是不必要的。许多指令的格式可以指定为 Vector =Vector <operation> Scalar 或 Scalar = Vector <operation> Vector，这意味着编译器（或汇编语言程序员）可以经常在矢量化代码中使用整型内核寄存器。

除了 8 个矢量寄存器外，Armv8.1-M 架构还新增了一个特殊目的寄存器——矢量预测状态和控制寄存器（Vector Predication Status and Control Register，VPR）。作为异常事件的一部分，该寄存器通过利用异常栈帧自动保存和恢复，具体细节将会在 4.4 节展开。

### 3.1.2　通道

每个 128 位的矢量寄存器都可以被分成 8 位、16 位或 32 位宽的通道，如图 3-5 所示。每个通道可以被一条指令看作如下形式：

- 整型数值（8 位、16 位或 32 位宽）。
- 定点饱和值（Q7、Q15 或 Q31）。

- 浮点数值（半精度或单精度）。

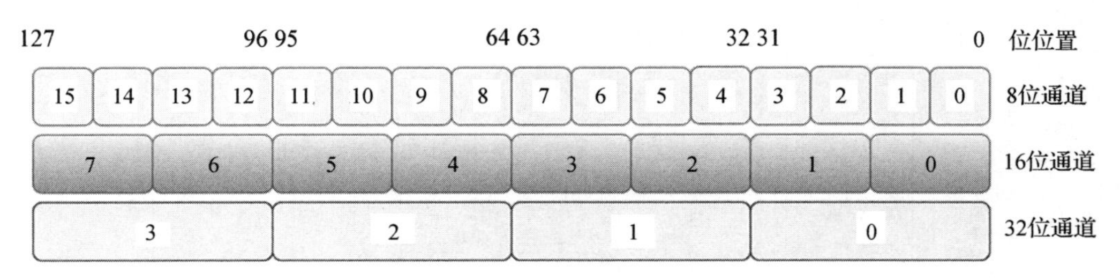


图 3-5 将 Helium 寄存器以通道划分

Helium 允许矢量中每个通道有条件地执行，这叫作通道预测。矢量预测状态和控制寄存器（VPR）保存每个通道的条件值。某些矢量指令（例如矢量比较 `VCMP`）可以改变 VPR 中的条件值。当这些条件值被设置好后，接下来的代码就可以使用 `VPT`（矢量条件预测）指令，以每个通道为基础在矢量预测块中实现条件执行。这个块也许长达 4 条指令。虽然之后的内容会展示一些重要的区别，但以上描述与常规的 Thumb-2 代码中的 `IF-THEN`（`IT`）指令类似。`VPST`（矢量设置条件预测）指令有效地将 `VCMP` 和 `VPT` 指令组合在一起，具体细节请参照 4.4 节。

### 3.1.3 矢令块和节拍

在 Armv8.0-M 架构中，大部分指令作为“原子”单元执行，也就是要么执行，要么不执行。然而 1 条 Helium 矢量指令是以 4 个矢令块顺序执行的，即从矢令块 0 到矢令块 3。

架构节拍定义为 1 个原子的执行单元（从指令集架构的角度看，这个单元为无法进一步细分的某个时间段，通常是 1 个时钟周期）。

在 Helium 实现中，每个架构节拍执行多少矢令块由 CPU 硬件设计者决定（这在架构参考手册中称为“实现定义”）。固定每个时钟周期的矢令块个数并不是架构要求的，因此理论上矢令块个数可以在运行时改变。

- 在单矢令块系统中，1 个节拍可能执行 1 个矢令块。
- 在双矢令块系统中，1 个节拍可能执行 2 个矢令块。
- 在四矢令块系统中，1 个节拍可能执行 4 个矢令块。

允许的通道宽度和每个矢令块的通道操作如下：

- 对于 32 位宽的通道，1 个矢令块执行 1 个通道操作。
- 对于 16 位宽的通道，1 个矢令块执行 2 个通道操作。
- 对于 8 位宽的通道，1 个矢令块执行 4 个通道操作。

在 Cortex-M55 处理器中，Helium 的实现为“每节拍双矢令块”，也就是每个节拍可以计算 64 位。这种实现允许指令重叠执行，如 1.2 节所示，一条矢量指令的最后两个矢令块也许可以和下一条指令的前两个矢令块同时执行。

### 3.1.4　指令示例

到目前为止，仅仅提到了 2 条 Helium 指令，即矢量加载指令（VLDR）和矢量乘加指令（VMLA）。本书第 4～6 章将详细解释每条 Helium 指令。不过，在引入一些 Helium 的关键特性之前对于基本的指令格式有一个大致了解是很有帮助的。

每条矢量指令都以大写字母“V”开头，其后跟着一些象征指令操作的字母。随后也会看到有些字母甚至会更改指令操作或加入一些额外的选项。对于一些指令，还能通过选项去指定条件执行。在指令助记符后面也可以指定数据类型（例如 .F16 代表 16 位浮点数，.U32 代表 32 位无符号整数）。此外，也可以指定目标寄存器用于存储结果，指定一到两个源寄存器用于提供参与运算的矢量。

指令示例：

```
VMUL.F32 Q0, Q1, Q0
```

其中：

VMUL：矢量乘法指令。

.F32：矢量寄存器中的数据被视为 32 位浮点值。

Q0：将运算结果写入矢量寄存器 Q0。

Q1, Q0：参与乘法运算的数值存储于矢量寄存器 Q1 和 Q0。

图 3-6 展示了 VMUL 指令的操作过程，源寄存器 Qm 和 Qn 各自存储 4 个 32 位的元素，Qm 中的每个元素乘以 Qn 中相对应的元素并将运算结果存储到目标寄存器 Qd。当然，VMUL 指令也可以对 8 个 16 位的元素或者 16 个 8 位的元素执行乘法操作。

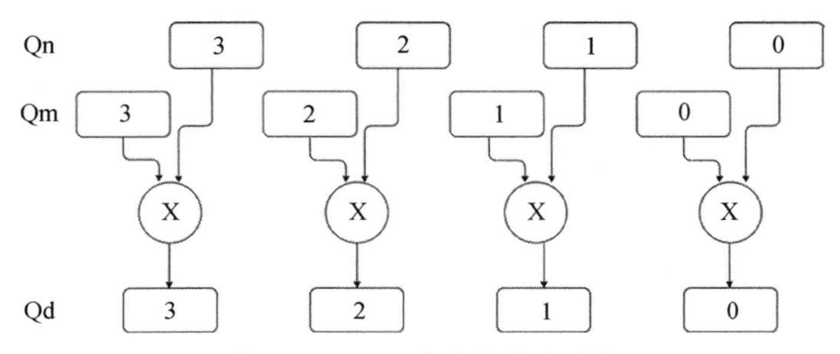


图 3-6　VMUL 指令的操作过程

图 3-7 中展示了在上述示例指令（VMUL.F32 Q0,Q1,Q0）中加入真实数据值后的运算情况。

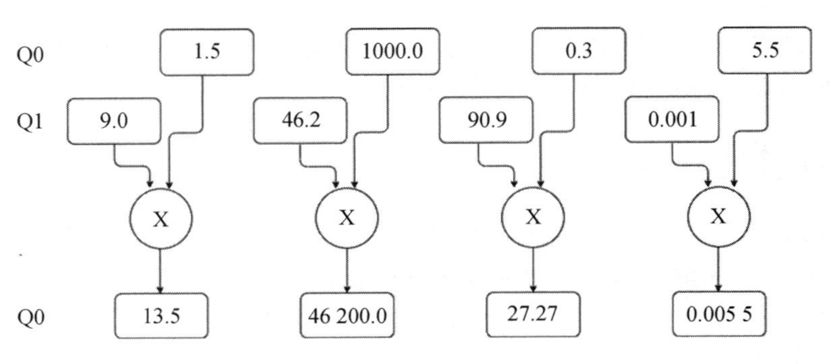


图 3-7 浮点 VMUL 操作

## 3.2 Helium 矢量处理

本节将说明编译器是如何矢量化 C 代码的，并比较相同的代码采用与不采用 Helium 矢量化的区别。

### Helium 矢量代码和标量代码对比示例

以如下代码中简单的 C 函数为例，该函数以内存中 2 个等大小的浮点数组作为输入，数组大小由第 4 个参数 blockSize 指定，函数中将两个输入数组中的每一对数据执行乘法运算，将结果存储到第 3 个数组中（由函数的第 3 个参数指定）。

```
void arm_mult_f32( float32_t * __restrict A, float32_t * __restrict B, float32_t * __
restrict Dst, uint32_t blockSize)
{
  for  (int i = 0; i<blockSize; i++)
       Dst[i] = A[i] * B[i];
}
```

如果使用 Arm Compiler 6 编译器，那么按照如下命令行参数编译该函数：

```
-armclang -target arm-armnone-eabi -march=armv8.1m.main+mve.fp+fp.dp
mthumb -mfloat-abi=hard -O3
```

得到该函数内循环的汇编代码如下所示：

```
      .p2align 2
.LBB0_13: @ =>This Inner Loop Header: Depth=1
     VLDRW.U32 Q0, [R1], #16
     VLDRW.U32 Q1, [R0], #16
     VMUL.F32 Q0, Q1, Q0
     VSTRB.8 Q0, [R2], #16
     LE LR, .LBB0_13
```

（注意：实际生成的汇编代码可能依赖于编译器版本和其他因素。）

可以看到编译器已经能够自动矢量化我们未经优化的 C 代码，所生成的汇编代码利用了矢量浮点指令，内循环包含 4 个矢量运算：2 个矢量加载指令（VLDRW），每个加载指令从内存读入 4 个 32 位的数值；1 个矢量乘法指令（VMUL），执行 4 次 32 位浮点乘法；1 个矢量存储指令（VSTRB），将 4 个 32 位结果写回内存中。寄存器 R0 和 R1 指向操作数的源数组 A 和 B，寄存器 R2 指向目标地址。

作为比较，如果使用 -fno-vectorize 编译选项来编译同样的 C 代码，虽然可以继续利用 Helium 指令和浮点硬件，但生成的内循环汇编代码如下所示：

```
VLDR          S0, [R1, #4]
VLDR          S2, [R0, #4]
VMUL.F32      S0, S2, S0
VSTR          S0, [R2, #4]
ADDS          R0, #4
ADDS          R1, #4
ADDS          R2, #4
```

上述代码中同样有 2 个 VLDR 指令，1 个 VMUL 指令和 1 个 VSTR 指令，但这些指令只是用于浮点标量运算而不是 Helium 矢量运算。代码段中所使用的寄存器 S0 和 S2 是 32 位宽的用于存放单精度浮点数值的寄存器，每次循环迭代只执行 1 次浮点乘法运算。在 Cortex-M55 的模型上测量上述两段代码的性能，循环每次迭代同样需要 8 个周期，但矢量化的代码每次循环执行的乘法运算次数是非矢量化代码的 4 倍。

## 3.3　低开销分支扩展

现代处理器的实现通常利用流水线取指来提高吞吐量，以及增加最大的时钟速率。无论什么时候，如果遇到一条控制流指令（即一个分支）或一个异常事件（例如中断），很有可能不会执行要被获取的指令。也就是说必须刷新流水线，然后从正确的位置获取新的指令。这会导致几个时钟周期的延迟，称作分支延迟或分支惩罚。一些处理器也许会尝试预测（猜测）一个条件分支是否将要发生，为了提高这种分支预测器的性能，在计算机架构方面已经做了大量研究。

然而，不是所有 Cortex-M 处理器都有分支预测器。超高性能的 CPU 采用的复杂的分支预测器的硅片面积，可能是 Cortex-M 系列整个 CPU 的数倍，其价格和功耗也一样。这意味着每次执行分支指令时，都有可能付出因分支惩罚而产生更多周期数的代价。

大多数 DSP 算法广泛采用紧凑的循环代码，因此实现分支的良好性能对于循环来说是一个关键指标。

来看一段简单的代码（非 Helium），如下所示，它读取寄存器 R0 所指向的一组 8 位数值并加起来，生成的结果存储在寄存器 R3，寄存器 R2 中为要加的值的数量。

```
    MOV R3, #0          // 初始化求和值R3为0
loopSum:
    LDRB R1, [R0], #1   // 从R0地址读出一个字节到R1，并更新R0到R0+1
    ADD R3, R3, R1      // 将读出的数值加到求和值R3
    SUBS R2, R2, #1     // 更新循环计数R2到R2-1
    BNE  loopSum        // 如果结果非零，则再次跳到loopsum
```

每个循环包含 4 条指令，每次迭代处理一个字节。Helium 可以并行化加载和求和操作，这能得到很大的速度提升。然而，寄存器 R2 的递减和跳到循环顶部的条件分支占了循环中 4 条指令中的 2 条。分支惩罚的存在意味着循环处理代码的周期开销可能超过 50%。

一个缓解这种开销的编译器技术是展开循环，这样循环处理的开销就可以在更多的指令中均摊。后文中会看到，循环展开也有助于编译器执行自动矢量化。

可编程 DSP 解决此类问题的方法是为零开销循环提供硬件支持。一种通常的做法是实现一条 REPEAT 指令，该指令告诉处理器将接下来的指令重复一定次数。实际上，Arm 没有这种重复汇编指令，但从概念上来看，它应该如以下代码所示：

```
REPEAT R2, #2           //  重复下面2条指令R2次
    LDRB   R1, [R0], #1
    ADD R3, R3, R1
```

这需要硬件跟踪几个变量，包括循环中第一条指令的地址，下次迭代前还有多少指令要重复执行，以及剩下的迭代次数。当中断或者其他异常发生时，为了避免必须保存和恢复这些非程序员可见的寄存器，许多可编程 DSP 在循环执行时简单地（隐式地）禁用了中断。这会对中断延迟和实时确定性产生严重影响，也使得精确的故障处理变得不可能（如果加载指令访问的内存区域生成一个中止异常，那么我们无法处理该问题，也无法重试）。

基于上述原因，Helium 技术采取了一种不同的方法——引入一对循环指令。一个循环以 WLS（While 循环开始）或 DLS（Do 循环开始）指令为起始，以 LE（循环结束）指令结束。

在每种情况下，循环开始指令将迭代次数复制到整型内核链接寄存器（Link Register，LR）中。对于 WLS 指令还会检查迭代次数是否为 0，如果为 0，则会执行分支到循环结束，而 DLS 指令用于至少执行一次迭代的循环中，所以无须这个步骤。LE 指令会检查 LR 寄存器，决定是否需要再次迭代，如果是，就执行跳转回到循环起始位置。

到目前为止，以上描述似乎没有节省很多周期，在循环结束时仍然存在起作用的比较和分支。然而，处理器可以在本地存储循环的起始和结束地址，这样就能够在无须获取 LE 指令的情况下，开始从起始地址获取指令。

这样，循环代码会如下所示（仍然是非矢量化的代码）：

```
      MOV        R3, #0
      WLS        LR, R2, loopEnd
loopStart:
```

```
    LDRB      R1, [R0], #1
    ADD       R3, R3, R1
    LE        LR, loopStart
loopEnd:
```

当循环第一次迭代时，指令是顺序执行的，如下所示：

```
MOV       R3, #0
WLS       LR, R2, loopEnd
LDRB      R1, [R0], #1
ADD       R3, R3, R1
LE        LR, loopStart
```

然而，当执行 `LE LR, loopStart` 指令时，循环缓存已经知道去哪里获取下一条指令了。这样无须再次执行 `WLS` 和 `LE` 指令，随后的循环只需简单地执行循环体中的两条指令，直到迭代次数为 0，示例代码如下所示。

```
    LDRB      R1, [R0], #1
    ADD       R3, R3, R1
    LDRB      R1, [R0], #1
    ADD       R3, R3, R1
    LDRB      R1, [R0], #1
    ADD       R3, R3, R1
etc.
```

如果发生了某些事件打断循环（例如中断），已缓存的循环信息会被刷新。如果程序执行返回到循环，`LE` 指令的又一次执行足以再次填充缓存。换句话说，这种执行循环的方式不需要中断处理做任何改变。

除了第一次迭代（或中断返回后的第一次迭代），处理器每个周期都在执行加载和求和运算，消除了流水线刷新和分支惩罚。此外，这种循环通常包含矢量加载指令（`VLDR`）并穿插着数据处理操作（例如矢量乘加指令（`VMLA`））。在处理器的 Helium 实现中支持这些指令的重叠（此处按矢令块执行意味着在对之前加载的数据执行乘法运算的同一个周期，能够加载下一个数据），甚至支持某一次循环迭代的结束指令和下一次迭代的起始指令重叠。

低开销分支扩展是 Armv8.1-M 架构的强制特性（也就是即使 Helium 未实现，它仍然存在）。

## 3.4 尾部预测

在之前的章节中，代码的每个循环仅对一个单字节数据执行操作，Helium 能够很容易地矢量化这种代码。

内存复制代码示例如下所示：

```
void memcpy(char * __restrict dest, char * __restrict src, int bytes)
     {
     for (int i = 0; i< bytes; i++)
          dest[i] = src[i];
     }
```

使用 Arm Compiler 6 生成的汇编代码如下所示：

```
        DLSTP.8         LR, R2
.LBB0_1:
        VLDRB.U8        Q0, [R1], #16
        VSTRB.8         Q0, [R0], #16
        LETP            LR, .LBB0_1
```

上述代码很容易理解。`R1` 指向源内存，`R0` 指向目标内存，`R2` 存储需要复制的字节数量。代码以一条 `DLS` 指令起始，然后是矢量加载、矢量存储和 `LE` 指令，而这条 `LE` 指令以 `TP` 结尾，代表尾部预测。

循环中的指令每次迭代读写 16 个字节（因为 128 位宽的矢量能够包含 16 个字节）。在正常情况下，矢量编译器必须确保矢量化循环中将要复制的内存块字节数量是 16 的整数倍，其余需要被复制的字节将会在结束部分采用单独的非矢量化尾部代码完成。例如，以调用 `memcpy()` 函数从地址 0 复制一块缓冲区到地址 42（十进制）为例。

图 3-8 解释了上述问题。矢量化的代码在一个矢量寄存器中读写 16 个字节，然而在这个示例中，输入缓冲区包含 43 个字节，数量不是 16 的整数倍，因此需要找到一种方法处理最后的 11 个字节，这通过标量尾部循环来实现。

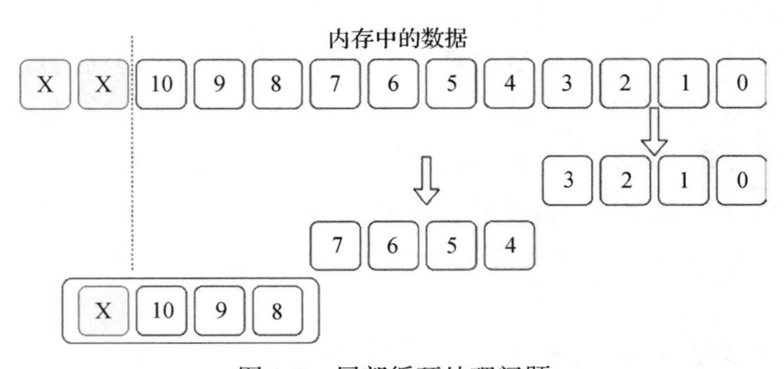


图 3-8　尾部循环处理问题

循环处理的伪代码如下所示：

```
for (int i=0; i < 32; i+=16)
{  // 矢量化的代码每次迭代复制16个字节  }
for (int i=32; i < 42; i++)
{  // 尾部循环代码每次迭代复制1个字节  }
```

实际上，上述代码的尾部循环就是原本未矢量化的循环，只是现在计数值从 32 开始，而不是 0。

虽然通过矢量化代码实现了加速，但仍付出了一些代价。矢量化代码和尾部循环同时存在增加了代码的大小，并且意味着必须执行两个循环。

尾部预测可以解决这个问题，其允许在一个单一的矢量循环中处理多个数据元素，而这些元素的数量不必正好是矢量的精确整数倍。通过在循环中引入 `TP` 后缀，Helium 避免了那种标量尾部代码。

再回过头看汇编代码输出，指令 `DLSTP.8 LR,R2` 建立起一个尾部预测循环，其中寄存器 `LR` 包含需要处理的元素的数量，其初始值来自 `R2`。循环结束指令 `LETP LR, .LBB0_1` 分支跳回到标号 `LBB0_1` 处，并递减存在于 `LR` 中的将要处理的元素数量。

处理器利用尺寸域（例如 `.8` 或 `.32`）和元素的数量来计算循环迭代中要处理的正确数量。在最后一次循环中，如果剩余元素的数量少于矢量长度，矢量的末尾相对应数量的元素会被禁用。这意味着内存复制的所有部分都可以并行执行，且消除了非矢量化的尾部代码。这样既获得了更简单的（更小的）代码，也获得了速度提升。在 Arm Compiler 6 中，尾部预测循环可以从源代码或原语函数中生成。

## 3.5 Helium 指令集

在第 4～6 章将会展示 Helium 的每条指令。由于大部分程序员不会直接使用汇编语言，而是使用 C 语言或其他高级语言编程，因此接下来的 3 章也许不必学习，但仍然是有用的，原因如下：

- 使用原语函数也许能写出非常快的代码，或是节省功耗，这需要对指令集有所了解。原语函数就是编译器用相应的汇编指令替换的函数调用，其允许从高级代码来访问 Helium 指令。在本章及接下来章节的一些示例中，会看到原语函数的应用，但在第 7 章会有更加详细的讲解。
- 在优化 C 代码时，为了确定其是否被充分地矢量化，能够审视编译器的输出以及熟悉指令集是非常有帮助的。
- 当调试不能正常工作的代码时，能够阅读反汇编代码并理解每一行发生了什么是极其有用的。

### 3.5.1 指令集基础

Helium 指令的基本结构与其他 Cortex-M 处理器的 `VFP`（浮点）指令结构是相似的。了解许多指令具有相同的助记法是很重要的，例如，`VADD` 也许是一条标量浮点加法（采用浮点扩展），或是一条矢量加法（采用 Helium）。

一条指令的基本格式如下所示：

```
V{<mod>}<op>{<shape>}{<extra>}{<cond>}{<.dt>} {<dst>}, src1, src2,
{<rot>}
```

这表示每条指令以字母 V 开始，然后跟着如下符号：

- `<mod>`——这是一个指令修饰符，可能没有，也可能是 Q（saturating）、H（halving）、D（doubling）或 R（rounding）之一。
- `<op>`——该符号指定具体操作，例如 ADD、SUB、CMP 等。
- `<shape>`——对于一些指令，可以选择性地指定 `L`（long）或 `N`（narrow）。
- `<extra>`——一些指令有其特定的修饰符，可能是 `T`（top）、`B`（bottom）、`A`（accumulate）、`X`（exchange）或 `V`（across）之一。
- `<cond>`——该域指定的条件仅适用于 `VPT`（Predication）模块，可能是 `T`（Then）或 `E`（Else）。
- `<.dt>`——数据类型，可能为浮点（F）、整数（I）、有符号（S）、无符号（U）、8、16、32 或 64 位。对于一些指令，只要求指示大小，而其他指令同时要求类型和大小。
- `<dst>`——目标寄存器，可以是通用寄存器（R）或矢量寄存器（Q）。在接下来的语法描述中，目标寄存器通常以 `Qd` 或 `Rd` 来表示。对于乘加指令，目标寄存器可能表示为 `Qda` 或 `Rda/Rdb`。
- `<src>`——源寄存器，可以是通用寄存器（R）或矢量寄存器（Q）。在接下来的语法描述中，源寄存器通常以 `Qm`、`Qn` 或 `Rm`、`Rn` 表示。
- `<rot>`——旋转，用于一些操作复数的指令。

下面的一些指令示例展示得更加清楚。

```
VLDRW.U32 Q0, [R0]
```

上条指令的首字母为 `V`，表示这是一条 Helium（或是 Neon，或是浮点）指令，`LDR` 表示寄存器从内存加载内容，`W` 表示按字大小操作。修饰符、`<shape>`、`<extra>` 域为空。数据类型是 `U32`，表示无符号 32 位整数。加载的目标是 128 位寄存器 `Q0`，源是标量寄存器 `R0` 指向的内存地址。该条指令将从 R0 存储的地址处加载 4 个 32 位宽的字。

```
VQRDMLADHX.S32 Q2, Q1, Q0
```

同样，上条指令的首字母为 `V`，随后的字母 `Q` 表示饱和数学操作，`R`（rounding）和 `D`（doubling）将在下一节详细介绍。`MLA` 表示这是一条乘加指令。`D`（dual）和 `H`（return high half）是指令的指定选项，`X` 表示交换。数据类型是 `S32`，表示有符号 32 位整数。该条指令对寄存器 `Q1` 和 `Q0` 中的数据进行乘加并将结果存入 `Q2`。

有些指令允许我们指定立即数，但不可能在一个最多 32 位宽的操作码中编码一个任意的 32 位常数。许多指令允许对一个 12 位的立即数编码，按照 8 位数值排列，该值可以在 32 位字中通过偶数位旋转以到达所需位置。很明显，浮点常数不能在一条指令中进行编码。包含常数的 Helium 指令有时会有一个数值限制范围（例如，本章所述的大多数移位指令都允许移位 1～32 位），这些将在指令描述中注明。

在接下来的章节中，将依次展示每条指令，并采用架构参考手册中的语法，其中可选的组件使用花括号 `{}` 括起来。

Helium 矢量指令的语法描述通常会跟着 <v>，这表示可能存在 `T`（Then）或 `E`（Else），与 `VPT` 或 `VPST` 指令产生的通道预测有关，详见 4.4 节。一些指令也许跟着的是 `<c>`，表示标准的 Arm 条件代码（例如，`GE` 代表大于或等于）。正如已经解释过的，`<.dt>` 域代表数据类型。

一些带有符号 `Q` 的 Helium 指令允许选择性地指定使用如下指令限定符之一：

- `.N` 表示汇编器必须对该指令使用 16 位编码，否则将会产生 1 个汇编器错误。
- `.W` 表示汇编器必须对该指令使用 32 位编码，否则同样产生 1 个汇编器错误。

如果未指定 `.N` 或 `.W`，汇编器可以选择 16 位或 32 位进行编码。

书中会展示一些指令操作的示例，方括号内为输入和输出寄存器值，其中的元素使用逗号分开，最低有效值写在前面。例如，一个具有 8 个 16 位整数的矢量可以写为 `Q2 = [7, 6, 5, 4, 3, 2, 1, 0]`。

### 3.5.2 指令修饰符

4 种可选的指令修饰符如下：

`Q`——表示饱和运算。饱和指令会使 FPSCR 中的“累加饱和”（QC）标志位置位。该标志位是“持久的”，也就是说一旦被置位，将一直保持到显式地清零。`VMRS` 和 `VMSR` 指令可以用来读、写 FPSCR。

`H`——该修饰符使指令对计算结果减半，仅适用于加法和减法指令（`VHADD`，`VHSUB` 以及 `VRHADD`）。如前所述，该修饰符对于饱和运算和平均值计算是很有用的。

`D`——该修饰符指定“加倍”运算，仅适用于长乘法和“高半部”乘法的饱和运算（`VQDMLALH`，`VQDMLSDH`，`VDQMULDH` 和 `VQRDMULH`）。例如，`VQRDMULH` 对两个矢量中相对应的元素相乘，并对结果加倍，然后将结果的高半部存储到目标矢量寄存器。如果任一结果发生溢出，将会做饱和处理并置位 QC 标志位。第二个操作数也可以是一个标量寄存器，而不是矢量寄存器。如 2.2 节中所述，加倍乘法在饱和运算中很有用。

`R`——该修饰符强制指令执行“就近舍入”。这种舍入可以看作在截断之间加上 $2^{(N-1)}$，其中 $N$ 是运算过程中要丢弃的位数。$N$ 的值在右移指令中是位移量，在减半运算中是 1，在缩窄指令中是目标的字大小。

一些指令有额外的说明符，例如 T（Top）或 B（Bottom）。本书将在详述单独指令时解释这部分。一些指令可以仅读取输入矢量的一部分，例如如下的矢量长乘指令：

```
VMULLB.S16 Qd, Qn, Qm

VMULLT.S16 Qd, Qn, Qm
```

这些指令读取每个有符号 16 位输入矢量的偶数（底部）或奇数（顶部）元素，将它们相乘，并写入一个 2 倍宽的 32 位矢量。

### 3.5.3 指令形态

某些指令可能会使用两个与其“形态”相关的修饰符。

- L——Long。这意味着输入元素在操作之前会被扩宽。1 个 8 位的元素可能会被扩宽为 16 位或 32 位，或者 1 个 16 位元素被扩宽为 32 位。
- N——Narrow。这意味着输入元素在操作之前会被压缩。

一些指令可能仅写回部分结果，例如，矢量右移缩窄指令（VSHRN）会以输入矢量的两倍宽度进行读取，并写入单倍宽度结果矢量的偶数或奇数元素，这取决于是否指定了底部（偶数）或顶部（奇数）。例如如下指令：

```
VSHRNB.I16 Q0, Q1, #4
```

该指令从 Q1 中取 8 个 16 位整数元素，右移 4 位，然后缩窄结果至 8 位并写到 Q0（存储 16 个 8 位整数）的偶数元素，奇数元素保持不变。这意味着可以利用 VSHRNB/VSHRNT 指令将 2 个 16 位矢量转换为 1 个 8 位矢量，并执行一定量的移位以便缩放。图 3-9 所示为 VSHRNB 指令运算过程，上面是矢量寄存器 Q1，下面为 Q0。

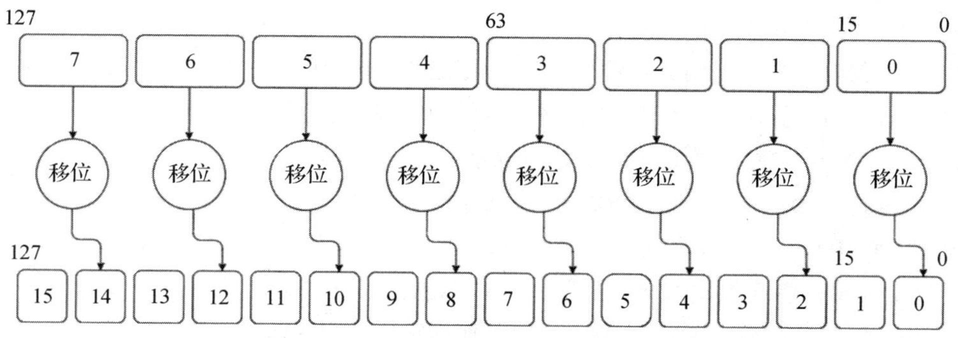


图 3-9 矢量右移缩窄至底部指令（VSHRNB）操作

注意，不像 Neon，Helium 中没有“W”扩宽选项。（在 Neon 中，扩宽操作针对双字矢量和四字矢量）。

## 3.6 问题

1. 哪些 FPU 寄存器对应于 Helium 的寄存器 `Q1`？
2. 1 个矢令块可以执行多少 8 位操作？
3. 在指令 `LETP` 中 `TP` 代表什么？
4. 在指令 `VLDRW.U32 Q0, [R0]` 中，`.U32` 表示什么意思？

# 第 4 章
# 数据处理指令

本章将介绍几种可以通过 Helium 指令来执行的数据处理操作。实际上，几乎所有的 Helium 数据处理指令都是标量指令的 SIMD 版本，指令会并行地执行 4 次、8 次或者 16 次。通常，Helium 技术中并没有针对特定算法的在不同通道中执行不同操作的指令。这样的实现只会让编译器和编程者难以有效地使用 Helium 技术，因为他们需要在多行代码中识别代码的真实用途。

但是在许多情况下，Helium 提供了实现矢量“归约”的指令，即将相同的操作通过一个矢量来执行，并将结果放在标量寄存器中。这通常也是一个算法被矢量化的最后一步。标量代码会执行一系列相同的操作来产生一个输出。矢量化的代码通过在矢量上进行同样的操作，使用最后一步“归约”，将这些矢量数值转化成最终需要的结果。

## 4.1 算术运算

本节主要包括标准算术和逻辑运算，比如加法运算、减法运算、移位运算和布尔运算，也包括一些不太常见的指令，如位计算指令和位翻转指令，以及数据类型转换指令。

### 4.1.1 加法和减法

Helium 指令集包括了几种不同形式的加法和减法指令。

`VADD`——矢量加。将第一个源矢量寄存器中每个元素的数值与第二个源矢量寄存器中对应的元素或者通用寄存器的数值相加。接着，结果被写入目标矢量寄存器中。指令可以计算浮点数据（也意味着在 `<.dt>` 之后，接下来的域将会是 `F16` 或者 `F32`）或者整型数据（8 位、16 位或者 32 位大小的元素，比如 `I8`、`S8`、`U8`、`I16`、`S16`、`U16`、`I32` 或者 `U32`），这些数据存储在 128 位的矢量寄存器中（见 3.1.4 节中关于 `<.dt>` 域的介绍）。

**语法**

```
VADD<v><.dt> Qd, Qn, Qm
VADD<v><.dt> Qd, Qn, Rm
```

**示例**

初始条件：

Q2 = [ 1, 2, 3, 4, 5, 6, 7, 8]
Q1 = [ 10, 0, 10, 0, 10, 0, 10, 0]

指令：

```
VADD.I16 Q3, Q2, Q1
```

结果：

Q3 = [ 11, 2, 13, 4, 15, 6, 17, 8]

**示例**

初始条件：

Q0 = [ 10, -20, -30, 40]
R0 = 100

指令：

```
VADD.I32 Q5, Q0, R0
```

结果：

Q5 = [ 110, 80, 70, 140]

VSUB——矢量减。将第一个源矢量寄存器中的元素减去第二个源矢量寄存器中对应元素的值或者通用寄存器的值，并将结果将写入目标矢量寄存器中。

**语法**

```
VSUB<v><.dt> Qd, Qn, Qm
VSUB<v><.dt> Qd, Qn, Rm
```

VADC， VSBC——带进位的矢量加和矢量减，该指令仅用于 32 位整型的算术运算。进位是跨矢令块的，在矢量底部从 FPSCR.C 位输入进位，在矢量顶部对 FPSCR.C 位输出进位。指令的变体，VADCI 和 VSBCI，允许决定对 FPSCR.C 位的初始值进行置 0 或者置 1。如果通道预测表示一些矢令块是被禁止的，这些被禁止的矢令块将不会更新 FPSCR 的值。FPSCR 中 N/V/Z 位都将置 0。

**语法**

```
VADC{I}<v>.I32 Qd, Qn, Qm
VSBC{I}<v>.I32 Qd, Qn, Qm
```

图 4-1 显示了 VADC 指令的操作。如果通道预测显示所有矢令块都是使能的，指令的总体效果是合成一个 128 位的加法。这些指令在大的整型数据计算（比如在密码学代码中）将会很有用处，这将会在第 11 章中解释。

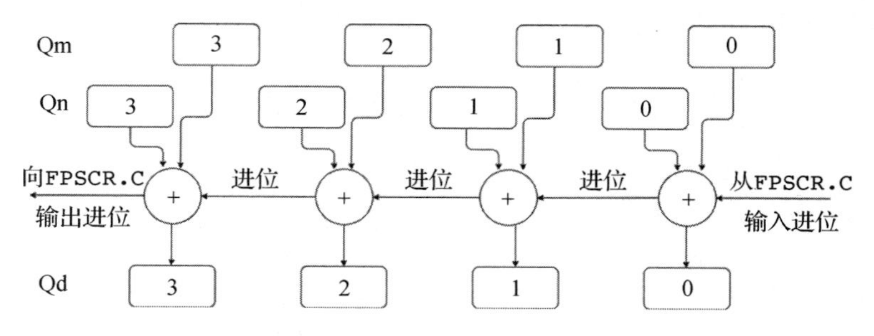


图 4-1　VADC 指令操作示意图

**示例**

初始条件：

```
FPSCR.C=1 (i（输入进位标志置1）
Q0 = [0x4000000, 0x30000000, 0x20000000, 0x10000000]
Q1 = [0x1000000, 0x05000000, 0x0F000000, 0xEFFFFFFF]
```

指令：

```
VADC.I32 Q2, Q0, Q1
```

结果：

```
Q2 = [0x5000000, 0x35000000, 0x2F000001, 0x00000000]
```

VADDV，VADDVA——矢量内加，矢量内累加。将矢量寄存器中的每个元素加起来，并将结果保存在一个标量寄存器中。指令可以计算存储在 128 位矢量寄存器中的整型数据。VADDVA 指令变体将目标寄存器的初始值也加到最终的结果中。

**语法**

```
VADDV<v><.dt> Rda, Qm
VADDVA<v><.dt> Rda, Qm
```

**示例**

初始条件：

Q0 = [0x1000, 0x2000, 0x4000, 0x8000]

指令：

```
VADDV.U32 R0, Q0
```

结果：

R0 = 0xF000

**VADDLV, VADDLVA**——矢量内矢量长加，矢量内矢量长累加。将矢量寄存器中的所有元素加起来，将结果累加到标量寄存器。64 位的结果存放在两个通用寄存器中，其中结果的前半部分存储在序号为奇数的寄存器中，结果的后半部分存放在序号为偶数的寄存器中。指令可以用于计算存储在 128 位矢量寄存器中的 32 位整型数据（S32 或 U32）。VADDLVA 指令变体将目标寄存器的初始值也加到结果当中。

**语法**

```
VADDLV<v><.dt> RdaLo, RdaHi, Qm
VADDLVA<v><.dt> RdaLo, RdaHi, Qm
```

**VNEG**——矢量取反。指令将矢量寄存器中的每个元素置为相反值。显然，该指令只能用于计算有符号的整型元素或者浮点型元素。

**语法**

```
VNEG<v><.dt> Qd, Qn, Qm
```

**VQADD, VQSUB**——矢量饱和加，矢量饱和减。这些是饱和加法和减法指令，只能用于整型数据（比如，数据类型不能是 .F16 或者 .F32）的计算。指令将第一个源矢量寄存器中的每个元素的数值与第二个源矢量寄存器中对应的元素或者通用寄存器的数值相加（或者相减）。对计算结果进行饱和运算之后，写入目标矢量寄存器中。

**语法**

```
VQADD<v><.dt> Qd, Qn, Qm
VQADD<v><.dt> Qd, Qn, Rm

VQSUB<v><.dt> Qd, Qn, Qm
VQSUB<v><.dt> Qd, Qn, Rm
```

**VHADD, VHSUB**——矢量减半加，矢量减半减。指令将第一个源矢量寄存器中的每个元素的数值与第二个源矢量寄存器中对应的元素或者通用寄存器的数值相加（或者相减）。将计算结果减半之后，保存到目标矢量寄存器中。这些指令只能用于整型数据的计算。

**语法**

```
VHADD<v><.dt> Qd, Qn, Qm
VHADD<v><.dt> Qd, Qn, Rm

VHSUB<v><.dt> Qd, Qn, Qm
VHSUB<v><.dt> Qd, Qn, Rm
```

**示例**

初始条件：

R0 = 500
Q0 = [ -32768, 12288, -20480, 28672, 28672, -20480, 12288, 32767 ]

指令：

```
VHADD.S16 Q2, Q0, R0
```

结果：

Q2 = [ -16134, 6394, -9990, 14586, 14586, -9990, 6394, 16633 ]

VRHADD——矢量舍入减半加。这个指令是 VHADD 指令的变体，它执行舍入操作。指令将第一个源矢量寄存器中的每个元素的数值与第二个源矢量寄存器中对应的元素相加。对结果进行减半和舍入之后，保存到目标矢量寄存器中。

**语法**

```
VRHADD<v><.dt> Qd, Qn, Qm
```

### 4.1.2 绝对值

绝对值指令是一类用于找到有符号数的绝对数值的指令。

VABS——矢量绝对值。该指令返回每个元素的绝对值。它将一个有符号整型（或者浮点）值转换成无符号数值输出。

**语法**

```
VABS<v><.dt> Qd, Qm
```

**示例**

初始条件：

Q1 = [ 55, -40, 36, 23, 11, -9, 0, 10 ]

指令：

```
VABS.S16 Q0, Q1
```

结果：

```
Q0 = [ 55, 40, 36, 23, 11, 9, 0, 10 ]
```

VABD——矢量绝对差。该指令将第一个源矢量寄存器中元素的数值减去第二个矢量寄存器中对应元素的数值，并将结果的绝对值存放在目标矢量寄存器的对应元素中。

**语法**

```
VABD<v><.dt> Qd, Qn, Qm
```

**示例**

初始条件：

```
Q1 = [ 0.0, 1.0, 2.0, 3.0 ]
Q2 = [ 100.0, 99.0, 98.0, 97.0 ]
```

指令：

```
VABD.F32 Q0, Q1, Q2
```

结果：

```
Q0 = [ 100.0, 98.0, 96.0, 94.0 ]
```

VABAV——矢量绝对差累加。该指令用第一个源矢量寄存器中的元素的数值减去第二个矢量寄存器对应元素的数值并取绝对值，然后将得到的数个绝对值与目标通用寄存器初始值求和得到最终结果，并将最终结果保存到目标通用寄存器中。也就是说，这个指令实际上是 VABD 指令的变体。

语法：

```
VABAV<v><.dt> Rda, Qn, Qm
```

图 4-2 展示了 VABAV 指令在两个由 32 位元素组成的矢量寄存器上的操作。两个矢量寄存器元素之间的绝对差值通过减法（结果的符号位被无视）来计算，并将差值的和累加到标量寄存器中。

**示例**

初始条件：

```
R2 = 500
Q0 = [ 0, 1, 2, 4, 8, 16, 32, 64 ]
Q1 = [ 6, 7, 8, 9, 10, 11, 12, 13 ]
```

指令：

```
VABAV.S16 R2, Q0, Q1
```

结果：

R2 = 500 + |-6| + |-6| + |-6| + |-5| + |-2| + |5| + |20| + |51| = 601

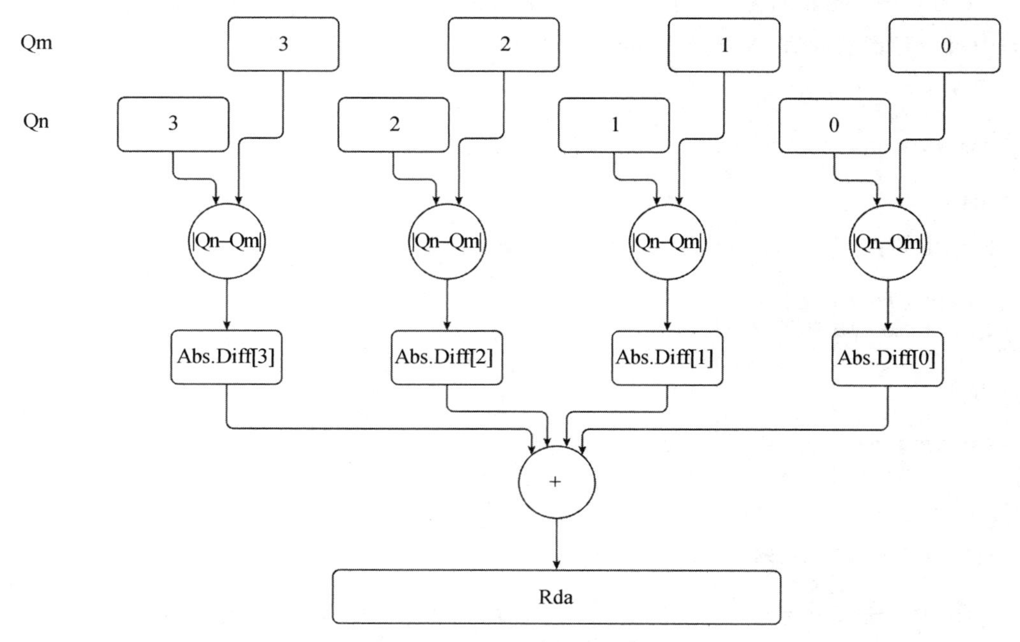


图 4-2 VABAV 指令操作示意图

## 4.1.3 移位

在本节中，将会介绍矢量右移、矢量左移和矢量移位插入操作。

**1. 右移指令**

Helium 提供了一系列右移指令。右移指令只支持立即数作为第二个立即数（正如接下来将会看到的，按照寄存器中的数值进行右移的操作，是通过左移一个负数来实现的）。立即数的取值范围依赖于指令本身。对于简单的移位，立即数可能是从 1 到数据元素（显然，移位只能执行在整型数据上）大小范围内的任意值。对于带有 N（Narrow）选项的指令，立即数的取值范围是从 1 到数据元素大小的一半。

VSHR——矢量右移。根据立即数的数值，将矢量寄存器中的每个元素右移。这个操作只能在整型数据类型上进行。

**语法**

```
VSHR<v><.dt> Qd, Qm, #<imm>
```

VSHRN——矢量缩窄右移。该指令只能用于处理矢量中的 16 位或者 32 位整型数值。指令按元素进行右移操作后，将元素宽度缩窄到原来的一半，将最后结果写入目标矢量寄存器中对应元素的前半（T 变体）部分或者后半（B 变体）部分。目标矢量寄存器中元素的另一半维持之前的数值不变。

**语法**

```
VSHRNT<v><.dt> Qd, Qm, #<imm>
VSHRNB<v><.dt> Qd, Qm, #<imm>
```

VRSHR——矢量舍入右移。将每个元素右移并舍入。

**语法**

```
VRSHR<v><.dt> Qd, Qm, #<imm>
```

通常，将一个整数右移的时候，最低有效位会被舍弃。比如，对于整型数据 9，要用它除以 4，可以通过右移两位实现。这个操作产生的结果是 2，是最近真实结果 2.25 的整数部分。但是，当考虑到对负数进行除法的时候，结果的舍入规则有很多种可能的选项，包括：向零舍入，向下舍入（像 Python 一样，向负无穷舍入）或者就近舍入。该指令通过在移位之前对被移位元素加上 $2^{N-1}$（$N$ 是移位的位数）来实现就近舍入。

VRSHRN——矢量缩窄舍入右移。该指令只能用于处理矢量中的 16 位或者 32 位整型数值。指令按元素进行右移操作后，将元素宽度缩窄到原来的一半（见 3.5.3 节），最后将舍入后的结果写入目标矢量寄存器中对应元素的前半（T 变体）部分或者后半（B 变体）部分。目标矢量寄存器中元素的另一半维持之前的数值不变。

**语法**

```
VRSHRNT<v><.dt> Qd, Qm, #<imm>
VRSHRNB<v><.dt> Qd, Qm, #<imm>
```

上述移位指令也存在饱和运算版本的变体。

VQSHRN——矢量饱和缩窄右移。该指令按元素进行右移操作之后，执行饱和运算并将元素宽度缩窄到原来的一半，最后将结果写入目标矢量寄存器中对应元素的前半（T 变体）部分或者后半（B 变体）部分。目标矢量寄存器中元素的另一半维持之前的数值不变。指令允许的数据类型包括 .S16、.S32、.U16 和 .U32。

**语法**

```
VQSHRNT<v><.dt> Qd, Qm, #<imm>
VQSHRNB<v><.dt> Qd, Qm, #<imm>
```

该指令对每个元素右移指定数量的位数，并减少结果的位宽来缩窄到想要的位宽（比如，从 16 位到 8 位，或者从 32 位到 16 位）。根据数据本身和移位操作的位数，移位可能会导致结果溢出（在没有饱和的情况下）。饱和运算保证，如果移位的结果大于结果矢量元素的最大可能值，结果将被裁剪到最大值。如果移位的结果小于结果矢量元素的最小可能值，结果将会被裁剪成最小可能值。通常，这些指令会成对地执行。图 4-3 展示了 VQSHRNB 指令的执行。

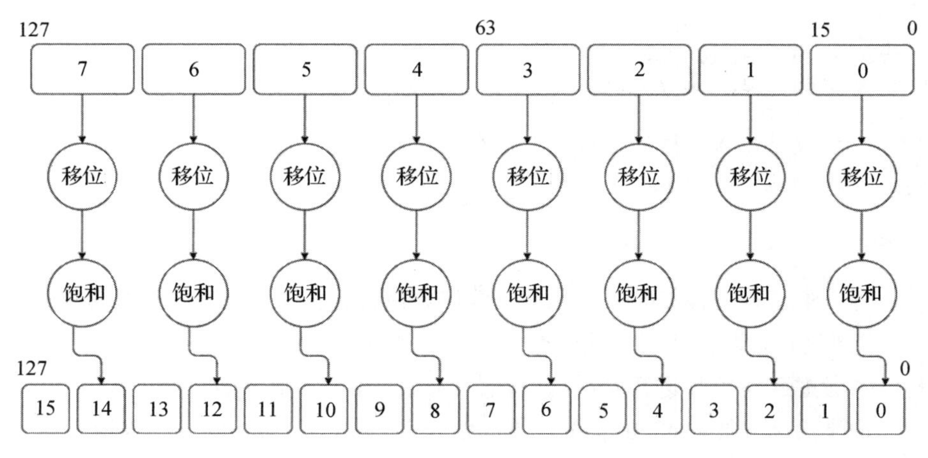


图 4-3　VQSHRNB 指令——右移、饱和、缩窄（底部）运算

VQSHRUN——矢量无符号饱和缩窄右移。该指令按元素进行右移操作之后，执行饱和运算并将元素宽度缩窄到原来的一半，最后将结果写入目标矢量寄存器中对应元素的前半（T 变体）部分或者后半（B 变体）部分。目标矢量寄存器元素中的另一半维持之前的数值不变。

**语法**

```
VQSHRUNT<v><.dt> Qd, Qm, #<imm>
VQSHRUNB<v><.dt> Qd, Qm, #<imm>
```

VQRSHRN——矢量饱和舍入缩窄右移。指令按元素进行右移操作之后，执行饱和运算并将元素宽度缩窄到原来的一半，最后将舍入后的结果写入目标矢量寄存器中对应元素的前半（T 变体）部分或者后半（B 变体）部分。目标矢量寄存器元素中的另一半维持之前的数值不变。

**语法**

```
VQRSHRNT<v><.dt> Qd, Qm, #<imm>
VQRSHRNB<v><.dt> Qd, Qm, #<imm>
```

VQRSHRUN——矢量无符号饱和舍入缩窄右移。指令按元素进行右移操作之后，执行饱和运算并将元素宽度缩窄到原来的一半，最后将舍入后的结果写入目标矢量寄存器中对应元素的前半（T 变体）部分或者后半（B 变体）部分。目标矢量寄存器元素中的另一半维持之前的数值不变。

**语法**

```
VQRSHRUNT<v><.dt> Qd, Qm, #<imm>
VQRSHRUNB<v><.dt> Qd, Qm, #<imm>
```

### 2. 左移指令

Helium 中也包含对应的左移指令。左移指令支持标量 / 矢量寄存器或者立即数作为第二个操作数。立即数变体使用立即数作为第二个操作数，对每个元素向左移动立即数大小的位数。标量寄存器变体使用标量寄存器的数值来进行左移，左移时只使用寄存器值的最低有效字节（Least Significant Byte，LSB）（这个数值可以是负值，比如，在执行右移的时候）。矢量变体根据第二个矢量中对应元素的值来对第一个矢量中的每个元素进行移位，并将结果存放在目标矢量中。

VSHL——矢量左移。该指令将矢量寄存器中的每个元素向左移动，移动的位数取决于立即数，或者标量源寄存器中最低有效字节指定的数值。指令的矢量变体根据第二个矢量中对应元素的最低有效字节的数值来对第一个矢量中的每个元素进行移位，并将结果存放在目标矢量中。

**语法**

```
VSHL<v><.dt> Qd, Qm, #<imm> // 立即数
VSHL<v><.dt> Qda, Rm        // 标量寄存器中LSB的值
VSHL<v><.dt> Qd, Qm, Qn     // 矢量变体
```

图 4-4 展示了一个 VSHL 偏移量由矢量确定的简单示例。从左侧开始看，数值 6 左移了 4 位生成了结果 96，数值 7 左移了 0 位生成了数值 7，以此类推。

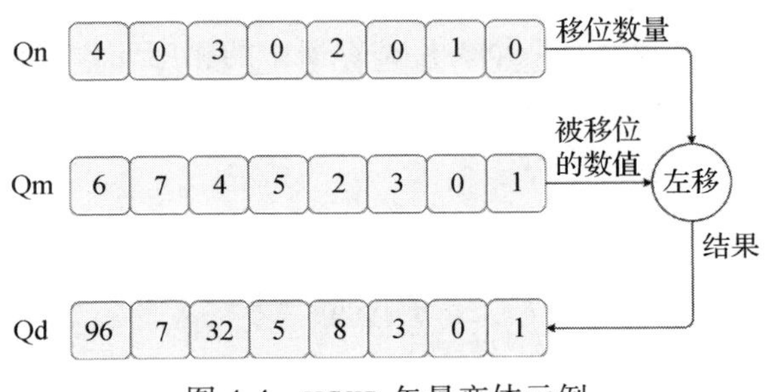


图 4-4 VSHL 矢量变体示例

VSHLC——带进位的矢量左移。指令左移，移动范围在 1～32 位之间，移动带有跨元素的进位行为：底部元素左移从标量寄存器中输入进位，同时顶部元素左移将进位输出到

相同的通用寄存器中。实际上，这样的操作使得能够将 128 位的矢量寄存器当作 128 位的标量来处理。进位输入从通用寄存器的低位获取（比如，对于一个 5 位的左移，标量寄存器中的低 5 位就会被移动到矢量寄存器中）。因为指令将寄存器当作一个单一的 128 位的整体，所以不需要对数据类型进行指定。需要使用大整数算法的应用（比如，数学常数的计算、图形碎片的渲染以及密码学）时可能会用到这个指令。该指令也被用于进行一个矢量内的元素移动。

指令的操作过程展示在图 4-5 中。

**语法**

```
VSHLC<v> Qda, Rdm, #<imm>
```

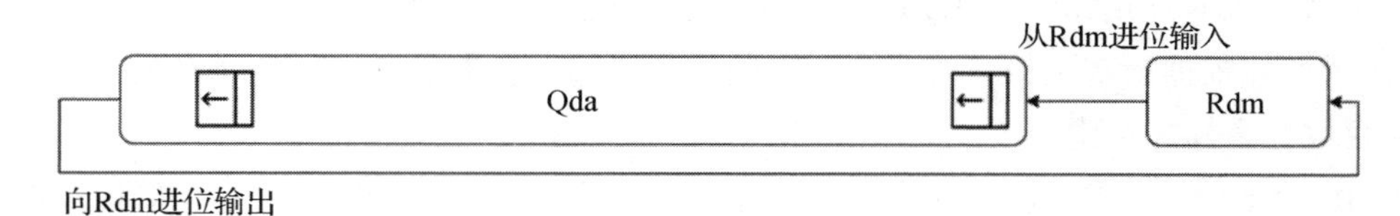


图 4-5 VSHLC 指令操作示意图

VSHLL——矢量长左移。从源寄存器每个元素的前半（T 变体）部分或者后半（B 变体）部分中选取 8 位或者 16 位，执行有符号或者无符号的左移，左移位数由立即数数值指定，并将 16 位或者 32 位的结果存放在目标矢量中。指令允许的数据类型有 .S8、.S16、.U8 和 .U16。

**语法**

```
VSHLLT<v><.dt> Qd, Qm, #<imm>
VSHLLB<v><.dt> Qd, Qm, #<imm>
```

VRSHL——矢量舍入左移。该指令的矢量变体会以第二个矢量寄存器中各元素的最低有效字节内的数值作为操作数对第一个矢量寄存器中的相应元素进行左移操作，并将结果写入目标矢量寄存器的相应位置。指令的寄存器变体根据源通用寄存器中的指定值对矢量寄存器中的每个元素进行左移。

**语法**

```
VRSHL<v><.dt> Qda, Rm     // 在标量寄存器的LSB中指定
VRSHL<v><.dt> Qd, Qm, Qn // 矢量变体
```

左移也有等效的饱和运算变体。

VQSHL——矢量饱和左移。该指令的寄存器变体根据源通用寄存器中指定的数值对矢量寄存器中的每个元素进行左移。指令的立即数变体根据立即数数值对矢量寄存器中的每

个元素进行左移。指令的矢量变体根据第二个矢量中每个元素的最低有效字节的数值来对第一个矢量中的对应元素进行左移，并将结果存放在目标矢量中。

**语法**

```
VQSHL<v><.dt> Qda, Rm
VQSHL<v><.dt> Qd, Qm, Qn
VQSHL<v><.dt> Qd, Qm, #<Imm>
```

`VQSHLU`——矢量饱和无符号左移。尽管操作数是有符号的，但无符号变体只会生成无符号结果。

**语法**

```
VQSHLU<v><.dt> Qd, Qm, #<Imm>
```

`VQRSHL`——矢量饱和舍入左移。指令的矢量变体根据第二个矢量中每个元素的最低有效字节的数值来对第一个矢量中的对应元素进行左移，并将结果存放在目标矢量中。指令的寄存器变体根据源寄存器中指定的数值对矢量寄存器中的每个元素进行左移。

**语法**

```
VQRSHL<v><.dt> Qda, Rm
VQRSHL<v><.dt> Qd, Qm, Qn
```

### 3. 移位插入指令

移位插入指令根据立即数数值对所有元素进行移位，并将结果插入目标寄存器中指定的位置上。“空出”位是不变的。该指令不区分不同类型的数据，这对于将数据打包到元素中很有用处。比如，16 位像素数据的常见数据格式是 565RGB（5 位红色数据，6 位绿色数据，5 位蓝色数据）。移位插入指令可以轻易地从单独存放成红色、绿色和蓝色字节的数据中选择相应位数的数据。

可供使用的指令包括：

`VSLI`——矢量左移插入。指令从操作数矢量中选择每个元素，根据立即数数值进行左移操作，将结果插入目标矢量中。移位过程中，每个元素中移出的位将被丢掉。

**语法**

```
VSLI<v><.dt> Qd, Qm, #<Imm>
```

图 4-6 展示了在 32 位元素上的 `VSLI` 指令操作。`Qm` 中的 4 个元素被左移指定的位数，并插入 `Qd` 寄存器中。

`VSRI`——矢量右移插入。指令从操作数矢量中选择每个元素，根据立即数数值进行右移操作，将结果插入目标矢量中。移位过程中，每个元素中移出的位将被丢掉。

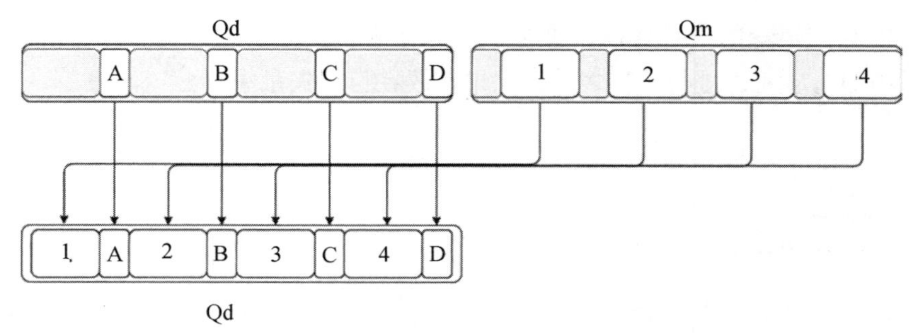


图 4-6 VSLI 指令操作示意图

**语法**

```
VSRI<v><.dt> Qd, Qm, #<Imm>
```

**示例**

初始条件：

Q0 = [ 0x11111111, 0x22222222, 0x33333333, 0x44444444 ]
Q1 = [ 0xABABABAB, 0x55555555, 0x66666672, 0x17777799 ]

指令：

```
VSRI.32 Q0, Q1, #8
```

结果：

Q0[i] = Q1[i] >> 8 | Q0[i] & 0xFF000000 for i={0..3}
Q0= [ 0x11ABABAB, 0x22555555, 0x33666666, 0x44177777 ]

### 4.1.4 逻辑操作

Helium 提供一系列逻辑操作。这些逻辑操作按位执行，应用在完整的 128 位寄存器上。所以，逻辑操作不需要指定数据的大小或类型。

VAND——矢量与。该指令对一个矢量寄存器与另一个矢量寄存器执行按位与运算。可以指定数据类型，但是指定的数据类型将会被忽略掉，因为该指令是一个按位运算的操作。

**语法**

```
VAND<v>{<.dt>} Qd, Qn, Qm
```

VBIC——矢量位清零。该指令对一个矢量寄存器中的数据和另一个矢量寄存器中的数据的反码进行按位与操作。相较于与操作，该指令可以让编程者更容易实现对特定位清零。该指令也有立即数版本变体，对一个矢量寄存器中的数据和立即数的反码进行按位与操作。VBIC 的立即数变体使得汇编器可以通过组装来产生 VAND 指令的立即数变体（实际执行

VBIC，但是使用的是指定立即数的反码）。

**语法**

```
VBIC<v>{<.dt>} Qd, Qn, Qm
VBIC<v>{<.dt>} Qda, #<imm>
```

**示例**

初始条件：

Q3 = [ 0x11, 0x12, 0x13, 0x14, 0x15, 0x16, 0x17, 0x18]

指令：

```
VBIC.I16 Q3, #3
```

结果：

Q3 = [ 0x10, 0x10, 0x10, 0x14, 0x14, 0x14, 0x14, 0x18]

VORR——矢量或。指令对一个矢量寄存器中的数据和另一个矢量寄存器中的数据执行按位或操作。该指令也有立即数版本变体，对一个矢量寄存器和立即操作数进行按位或操作。

**语法**

```
VORR<v>{<.dt>} Qd, Qn, Qm
VORR<v>{<.dt>} Qda, #<imm>
```

VORN——矢量或非。该指令对一个矢量寄存器中的数据和另一个矢量寄存器中的数据执行按位或非计算。同样地，通过使用带有指定立即数的反码的 VORR 指令，编译器可以实现 VORN 立即数变体的伪指令。

**语法**

```
VORN<v>{<.dt>} Qd, Qn, Qm
```

VEOR——矢量异或。该指令对一个矢量寄存器中的数据和另一个矢量寄存器中的数据执行按位异或操作。

**语法**

```
VEOR<v>{<.dt>} Qd, Qn, Qm
```

### 4.1.5　最小值和最大值

Helium 提供指令来找到最大值和最小值。在指令的矢量变体中，指令在矢量内所有元素中寻找最大值或者最小值，并将结果存储在通用寄存器中。当处理半精度的输入数据时，通用寄存器的上半部分将被清除。

VMAX,VMIN——矢量最大值 / 最小值。指令查找源操作数中元素的最大值和最小值，并将结果存储在对应的目标元素中。

**语法**

```
VMAX<v>{<.dt>} Qd, Qn, Qm
VMIN<v>{<.dt>} Qd, Qn, Qm
```

**示例**

初始条件：

Q0 = [0, 1, 2, 3, 4, 5, 6, 7]
Q1 = [1, 0, -3, 0, 1, 0, -1, 0]

指令：

```
VMAX.U16 Q2, Q1, Q0
```

结果：

Q2= [1, 1, 2, 3, 4, 5, 6, 7]

VMAXA,VMINA——矢量最大 / 最小绝对值。指令的绝对值变体，从目标矢量中取出元素，将它当作无符号数据，并与源矢量寄存器中对应的元素的绝对值进行比较。比较结果中更大的或更小的值将被写回到目标矢量中。

**语法**

```
VMAXA<v>{<.dt>} Qda, Qm
VMINA<v>{<.dt>} Qda, Qm
```

**示例**

初始条件：

Q0 = [0, 1, 2, 3, 4, 5, 6, 7]
Q1 = [1, 0, -3, 0, 1, 0, -1, 0]

指令：

```
VMAXA.S16 Q2, Q1, Q0
```

结果：

Q2= [1, 1, 3, 3, 4, 5, 6, 7]

**VMAXV,VMINV**——矢量内最大值 / 最小值。指令从矢量寄存器元素值中找到最大值或最小值。只有当找到的最大值或最小值大于或小于目标通用寄存器的初始值时，才会将它存储在目标通用寄存器中。通用寄存器按照矢量中元素的相同的位宽来读取。操作的结果在被写回之前，将被扩展成为 32 位有符号数。

**语法**

```
VMAXV<v>{<.dt>} Rda, Qm
VMINV<v>{<.dt>} Rda, Qm
```

**VMAXAV,VMINAV**——矢量内绝对值最大值 / 最小值。指令的绝对值变体，比较有符号矢量元素的绝对值，并将比较的结果处理成无符号数存储在通用寄存器中。

**语法**

```
VMAXAV<v>{<.dt>} Rda, Qm
VMINAV<v>{<.dt>} Rda, Qm
```

**示例**

初始条件：

Q0 = [0, -1, 2, -3, 4, -5, 6, -7]

指令：

```
VMAXAV.S16 R1, Q0
```

结果：

R1=7

**VMAXNM, VMAXNMA, VMAXNMV, VMAXNMAV, VMINNM, VMINNMA, VMINNMV, VMINNMAV**——这些指令是上述指令的浮点变体，可以执行在半精度（.F16）和单精度（.F32）的数值上。指令按照 IEEE 754-2008 规范来处理非数值。在比较的时候，如果一个操作数是数值，另一个操作数是非数值，则返回值是数值。

**语法**

```
VMAXNM<v><.dt> Qd, Qn, Qm
VMAXNMA<v{<.dt>} Qda, Qm
VMAXNMV<v><.dt> Rda, Qm
VMAXNMAV<v{<.dt>} Rda, Qm

VMINNM<v><.dt> Qd, Qn, Qm
VMINNMA<v{<.dt>} Qda, Qm
VMINNMV<v><.dt> Rda, Qm
VMINNMAV<v{<.dt>} Rda, Qm
```

### 4.1.6 格式转换和舍入

本节介绍 VCVT 和 VRINT 这两个指令。VCVT 指令的特别之处在于，它需要对两个数据类型都进行指定。第一个数据类型是输出数据类型，第二个数据类型是输入数据类型。

VCVT——矢量格式转换。该指令有一系列选项。它可以执行下面这些数据类型的转换：

- 整型到浮点型。
- 浮点型到整型。
- 浮点型到定点型。
- 定点型到浮点型。
- 不同精度的浮点型之间（.F32 到 .F16 和 .F16 到 .F32）

数据类型之间的转换需要使用相同数量的数据位宽。比如，一个有符号或者无符号的 32 位整型数据可以转换成（单精度浮点）(.F32)，但是不能转换成半精度浮点（.F16）数值。

单精度浮点数值和半精度浮点数值之间进行类型转换的时候，指令中的后缀 T 或者 B 用于选择 .F16 输入矢量的前半部分或者后半部分。

对于涉及定点类型数据的转换，指令必须指定小数的位数（根据元素的尺寸，在 1～16 或者 1～32 的范围内）。

从浮点型到整型的转换需要进行一定的舍入。指令中添加了 A、N、P 或者 M 的后缀，用来指定四种舍入模式（Rounding Mode，RM）的选择：

- A（RM=00）——就近舍入。
- N（RM=01）——就近偶数舍入。
- P（RM=10）——正无穷舍入。
- M（RM=11）——负无穷舍入。

**语法**

```
VCVT<v><.dt> Qd, Qm, #<fbits> // 浮点型到定点型
VCVT<v><.dt> Qd, Qm           // 整型到浮点型
VCVT<T><v><.dt> Qd, Qm        // 单精度浮点型和双精度浮点型之间

VCVT<ANPM><v><.dt> Qd, Qm     // 浮点型到整型
```

**示例**

初始条件：

```
Q0 = [0, 1, 2, 3]
```

指令：

```
VCVT.F32.S32 Q1, Q0
```

结果：

Q1 = [0.0, 1.0, 2.0, 3.0]

同样地，VCVTN.S16.F16 Q5, Q7 指令，将 Q7 寄存器中的半精度浮点数据就近舍入到偶数并将结果保存在 Q5 中。

**示例**

初始条件：

Q7 = [0.7, 0.6, 0.5, 0.4, 0.3, 0.2, 0.1, 0.0]

指令：

```
VCVTB.F32.F16 Q5, Q7
```

注释：指令将矢量寄存器 Q7 中后半部分的半精度浮点数据转换成单精度浮点数据，并将结果存储在矢量寄存器 Q5 中。注意，初始条件下的一些数值在使用半精度浮点值来表示的时候，会有一些精度的损失。输出的结果是 [0.7,0.5,0.3,0.1] 的近似值。

结果：

Q5 = [ 0.700195, 0.5, 0.300049, 0.099976]

VRINT——矢量舍入整数。该指令不进行格式的转换，它将一个浮点数据舍入到整数数值，但是结果本身还是浮点格式。

**语法**

```
VRINT<op><v><.dt> Qd, Qm
```

<op> 后缀可以指定舍入模式，有 6 种不同的舍入模式可供选择：

- A——就近舍入。
- N——就近偶数舍入。
- P——正无穷舍入。
- M——负无穷舍入。
- Z——向 0 舍入。
- X——就近舍入到偶数，如果结果在数值上与输入值不相等，则产生不准确的异常。

**示例**

初始条件：

Q0 = [0.3, 0.4, 0.8, 0.99, 1.1, 1.4, 1.7, 1.9]

指令：

```
VRINTZ.F16 Q1, Q0        // 向0舍入
```

结果：

Q1 = [0.0, 0.0, 0.0, 0.0, 1.0, 1.0, 1.0, 1.0]

### 4.1.7 位计数

Helium 中有一系列的指令用于前导零和符号位的计数。这些指令在一些算法中很有用，包括归一化算法和牛顿 – 拉弗森方法（或者求根）。

VCLS——矢量前导符号位计数。指令返回与最高位（即有符号整数的符号位）数值相同的位的数量。计数并不包括最高位本身。该指令只能用于处理有符号整型数据。

**语法**

```
VCLS<v><.dt> Qd, Qm
```

VCLZ——矢量前导零计数。指令返回从最高位开始的 0 的数量，支持位宽为 8 位、16 位、32 位的整型输入数值。

**语法**

```
VCLZ<v><.dt> Qd, Qm
```

**示例**

如果想要对一个矢量中的一组 32 位无符号整数归一化，可以使用下面的指令序列来实现：

```
VCLZ.S32       Q1, Q0
MOV            R0, #32
VMINV.S32      R0, Q1
VSHL.S32       Q0, R0
```

如果初始条件是

Q0 = [0x0, 0x30, 0x70, 0xFF]

那么 VCLZ 指令产生的结果是

Q1 = [32, 26, 25, 24]

VMINV 指令（见 4.15 节）将会找到矢量元素数值中小于 R0 初始值的最小值。因此，在执行 VMINV 指令之前，需要使用一个 MOV 指令来设置 R0 的初始值为最大允许的移位的位数，也就是 32。VMINV 指令将 R0 设置为 24，即矢量 Q1 中的最小值。

最终，VSHL 指令将 Q0 中的原始矢量左移 24 位，所以最终结果为

Q0 = [0x0, 0x30000000, 0x70000000, 0xFF000000]

### 4.1.8　元素反转

Helium 中提供了一些指令，用于将矢量中的元素重新排序。

VREV16——矢量半字反转。指令对矢量中每个半字中的 2 个 8 位元素进行元素之间顺序的反转。

**语法**

```
VREV16<v><.8> Qd, Qm
```

VREV32——矢量字反转。指令对矢量中每个字中的 4 个 8 位元素或者 2 个 16 位元素进行元素之间顺序的反转。指令中的元素大小必须是 8 或者 16。

**语法**

```
VREV32<v><.size> Qd, Qm
```

图 4-7 展示了一个 VREV32.16 指令的执行过程。128 位的矢量寄存器中包含 8 个 16 位的元素。VREV32.16 指令将每一个 32 位中的 2 个 16 位元素进行元素之间顺序的反转。

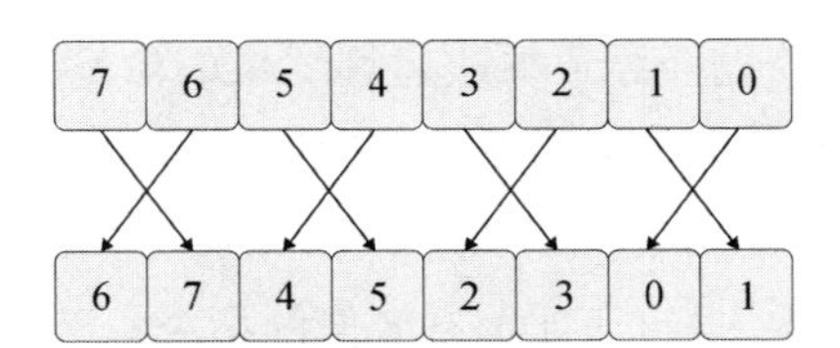


图 4-7　VREV32.16 指令的执行过程

VREV64——矢量双字反转。指令对矢量中每个双字中的 8 个 8 位元素、4 个 16 位元素或者 2 个 32 位元素进行元素之间顺序的反转。

**语法**

```
VREV64<v><.size> Qd, Qm
```

图 4-8 展示了 VREV64.16 指令的执行过程。128 位的矢量寄存器中包含 8 个 16 位的元素。该指令对每个 64 位双字中的这些 16 位元素的顺序进行反转。

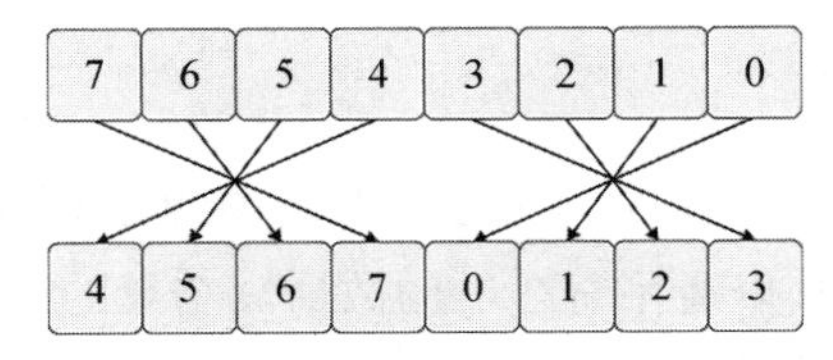


图 4-8　VREV64.16 指令的执行过程

VBRSR——矢量位反转右移。该指令对矢量中的每个元素的指定数量的最低有效位进行反转，并将元素中其他位置为 0。需要反转的位的数量在标量寄存器中的底部字节中指定，并且这个数量必须在 0 和元素位宽的范围之内。接下来将看到，该指令可以用于优化快速傅里叶变换（Fast Fourier Transform，FFT）的实现。

**语法**

```
VBRSR<v><.size> Qd, Qn, Rm
```

**示例**

下面的代码可以简单地实现对 Q0 中的每个 32 位元素中的每个位进行位反转。

```
MOVS R0, #32
VBRSR.32 Q0, Q0, R0
```

在第 9 章中，将会再次回顾这个指令，看它在 FFT 高效实现中起到的作用。

## 4.2 乘法运算

Helium 中提供了众多乘法指令。除了之前看到的加法和减法运算的饱和变体以及加倍变体，Helium 中一些乘法指令也会导致乘法运算结果的位宽大于（即更大的位宽）被乘数。例如，两个 16 位整数的乘法将会产生一个 32 位的结果。因此，下面的乘法指令将选择运算结果的部分或者全部作为最终结果。

- 输出为运算结果的最低一半（下半）有效值的指令：
  - VMUL
- 输出为运算结果的最高一半（上半）有效值的指令：
  - VMULH（对应的舍入变体为 VRMULH）
  - VQDMULH（对应的舍入变体为 VQDRMULH）
- 输出为运算结果全部的指令。因为这些指令需要双倍的位宽的元素来存储输出，因此指令的操作对象只能是输入元素的前半部分或者后半部分。
  - VMULL
  - VQDMULL

### 4.2.1 乘法指令

VMUL——矢量乘。指令将第一个源矢量寄存器中的元素的数值乘以第二个源矢量寄存器中对应元素的数值，或者乘以通用寄存器的数值。结果的最低一半有效部分将被写入目标矢量寄存器中。例如，如果是两个 32 位元素相乘，最终的结果将会是 64 位计算结果的最低有效 32 位。

**语法**

```
VMUL<v><.dt> Qd, Qn, Qm
VMUL<v><.dt> Qd, Qn, Rm
```

3.1.4 节包含了 `VMUL` 指令执行的示例。

`VMULH,VRMULH`——返回高半部分的矢量乘法，返回高半部分的矢量舍入乘法。指令将一个矢量寄存器中的每个元素乘以另一个矢量寄存器中对应的元素，并返回结果的高半部分。在结果的高半部分被选定之前，可以选择性地对其进行舍入操作。

**语法**

```
VMULH<v><.dt> Qd, Qn, Qm
VRMULH<v><.dt> Qd, Qn, Qm
```

`VQDMULH,VQRDMULH`——返回高半部分的矢量饱和加倍乘法，返回高半部分的矢量饱和舍入加倍乘法。该指令将一个通用寄存器数值乘以矢量寄存器中的每个元素，产生结果矢量。或者，将矢量寄存器中每个元素乘以另一个矢量寄存器中对应的元素，对结果加倍之后，将高半部分存储到目标矢量中。在进行饱和运算之前，可以选择性地对乘法结果进行舍入操作。

**语法**

```
VQDMULH<v><.dt> Qd, Qn, Qm
VQRDMULH<v><.dt> Qd, Qn, Qm
```

`VMULL`——矢量长乘。指令对两个单倍位宽的源操作元素执行按元素的整型乘法。乘法运算的操作元素来自源矢量寄存器中双倍位宽元素的前半（T 变体）部分或者后半（B 变体）部分。该运算将产生一个双倍位宽的结果。这也意味着，当输入数据类型是 32 位的时，输出结果将会是一个由两个 64 位整数组成的矢量。这使得该指令成为少数几个能够产生 64 位结果的 Helium 指令之一。

**语法**

```
VMULL<T><v><.dt> Qd, Qn, Qm
```

**示例**

```
VMULLT.S8 Q0, Q1, Q2
VMULLB.S8 Q0, Q1, Q2
```

图 4-9 展示了 `VMULLT.S8` 指令的执行过程。指令将 `Qm` 和 `Qn` 中的输入元素的高 8 位部分相乘，并将 16 位结果存储在 `Qd` 寄存器中。

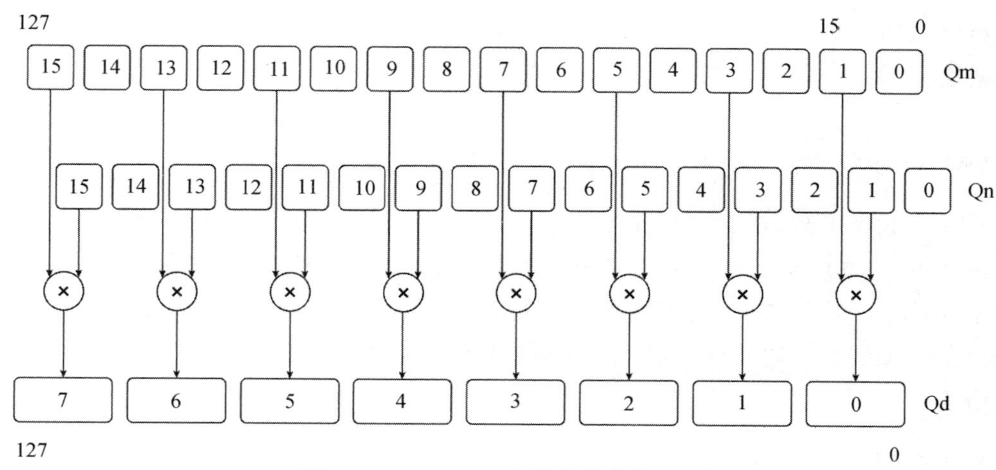


图 4-9 VMULLT.S8 指令的执行过程

VMULL(polynomial)——矢量长乘。该指令是上面指令的变体。指令对两个单倍位宽的源操作元素执行按元素的多项式乘法。乘法运算的操作元素来自源矢量寄存器中双倍位宽元素的前半（T 变体）部分或者后半（B 变体）部分。该运算将产生一个双倍位宽的结果。指令有两个可选项，设置 <.dt> 为 .P8 来指定一个 8×8 → 16 的多项式乘法，或者设置 <.dt> 为 .P16 来指定一个 16×16 → 32 的多项式乘法。

**语法**

```
VMULL<T><v><.dt> Qd, Qn, Qm
```

**示例**

```
VMULLT.P8 Q0, Q1, Q2
```

一些读者可能对多项式乘法比较陌生。在计算机算术运算中，通常是将一个由二进制数字组成的字符串当作单个数字处理。但是，也可以将它视作一个系数是 0 或者 1 的多项式。这样的处理在一部分叫作场算术的数论中很有用。布尔算子 AND、OR、XOR 和 NOT 可以在二元有限域中当作算术算子来使用。最简单的有限域被称作 GF(2)，其中 GF 表示伽罗瓦域，2 表示元素（0 和 1）的数量。使用移位指令，可以将 GF(2) 扩展到更大的伽罗瓦域。它可以应用在密码学、循环冗余检查和纠错码（Error Correction Code，ECC）中，比如应用在里德 – 所罗门（R-S）码中。在上述应用中，一串二进制数字中的每一位被当作有限域中多项式上的系数。

一个多项式乘法使用 XOR 来对每一行进行汇总，而一个常规的二进制乘法则是使用 ADD。当进行加法的时候，有可能会产生从一行到下一行的进位，这种进位不会出现在使用 XOR 进行行汇总的情况中。

图 4-10 所示示例中展示了常规乘法和多项式乘法之间的区别。在每个乘法示例中，结果都是通过重复的移位和加法运算得到的。在常规乘法中，存在一列中有两个数值 1（图中用圆圈标识）进行相加，并产生进位的情况。在多项式乘法中，则没有这样的进位，因此获取到的结果与常规乘法的结果不一致。

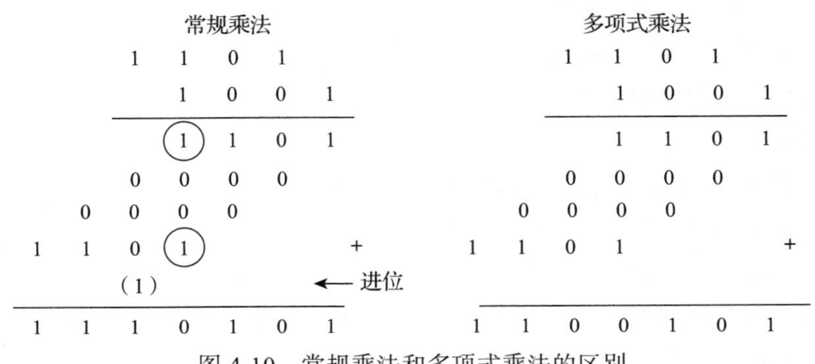

图 4-10 常规乘法和多项式乘法的区别

为了进一步说明该指令与多项式乘法之间的联系，可以将上述操作当作两个多项式函数相乘，其中每一位表示对应幂次的系数。所以：

1101 表示 $x^3+x^2+0+1$；
1001 表示 $x^3+0+0+1$。

在第 11 章中，可以看到这个指令是如何被用来合成更长的多项式乘法的，而这也是密码学中所需要的用到的。

`VQDMULL`——矢量饱和加倍长乘。指令对两个单倍位宽的源操作元素执行按元素的整型乘法。乘法运算的操作元素来自源矢量寄存器中双倍位宽元素的前半（T 变体）部分或者后半（B 变体）部分，或者通用寄存器数值的低单倍位宽部分。乘积在加倍和饱和处理之后，将产生双倍位宽的最终结果，并写回目标矢量寄存器中。和 `VMULL` 一样，在输入数据类型是 `.S32` 的情况下，指令将产生 64 位的结果。

**语法**

```
VQDMULL<T><v><.dt> Qd, Qn, Qm
VQDMULL<T><v><.dt> Qd, Qn, Rm
```

### 4.2.2 乘加指令

本节将研究乘加（MAC）指令。Helium 中存在很多乘加指令，但是这些指令大致上可以分为两类：

- 产生矢量结果的乘加运算：

- VFMA/VFMS（矢量 × 矢量 + 矢量，仅适用于浮点型）
- VMLA（矢量 × 标量 + 矢量，仅适用于整型）
- VFMAS（矢量 × 矢量 + 标量，仅适用于浮点型）
- VMLAS（矢量 × 矢量 + 标量，仅适用于整型）
- VQ[R]DMLAH（VMLA 的饱和、加倍、舍入变体）
- VQ[R]DMLASH（VMLAS 的饱和、加倍、舍入变体）

- 产生标量结果的乘加指令：
  - VMLADAV/VMLAV,VMLSDAV
  - VMLALDAV,VMLALV,VMLSLDAV
  - VRMLALDAVH/VRMLALVH,VRMLSLDAVH

在上述许多指令中，也可以使用 A 或者 X 后缀。A 后缀表示“累积”（比如，结果累加到标量寄存器中现有的数值上，而不是覆盖它）。X 后缀表示“交换”，意味着指令在执行乘法运算时将会对 Qm 寄存器中一对相邻的数值进行交换。

在 Helium 中，浮点数的乘加 / 减运算通常是融合的。这意味着浮点数的乘加操作是在单个步骤中完成的，最后再执行舍入操作。对于没有融合的乘加运算，需要先计算乘法结果并按照一定的有效位数进行舍入，再将结果加到累加器中，再进行一次舍入。而对于融合的乘加运算，指令将会按照全精度来计算整个乘加表达式的结果，最后再进行舍入。这样的操作将提高特定计算的精度，如矩阵乘法、卷积等涉及乘积累加的计算。

VFMA,VFMS——矢量融合乘加，矢量融合乘减。这些指令将第一个源矢量寄存器中的每个元素乘以第二个矢量寄存器中对应的元素。接着，每个乘积都将加到目标矢量寄存器中对应的元素上，或者从对应元素上被减掉。在对每个乘法的结果执行加法或者减法操作（如上所述）之前，都是没有进行舍入的。该指令只能执行在 .F16 和 .F32 数据类型上。

**语法**

```
VFMA<.dt> Qda, Qn, Qm
VFMS<.dt> Qda, Qn, Qm
```

**示例**

```
VFMA.F32 Q2, Q1, Q0
```

VMLA——矢量乘加。该指令将源矢量寄存器中的每个元素乘以一个标量数值，并将乘法结果加到目标矢量寄存器中对应的元素上。最终将结果存储在目标寄存器中。

该指令将一个矢量乘以标量后累加到目标矢量上。这也意味着每个乘法运算的乘数都是相同的数值。

**语法**

```
VMLA<.dt> Qda, Qn, Rm
```

**示例**

初始条件：

Q0 = [0x1000, 0x2000, 0x4000, 0x6000]
Q2 = [0x10, 0x20, 0x40, 0x60]
R3 = 2

指令：

```
VMLA.S32 Q2, Q0, R3
```

结果：

Q2 = [0x2010, 0x4020, 0x8040, 0xC060]

如图 4-11 所示，矢量乘加指令的执行过程按照如下方式进行。首先，矢量寄存器 `Qn` 中的每个元素都乘以标量寄存器 `Rm` 中的数值。接着，乘积被加到 `Qda` 矢量寄存器中存储的元素上，并将结果写回到 `Qda` 中。不管输入元素的数据类型大小，累加器数值的位宽都是固定的 32 位。

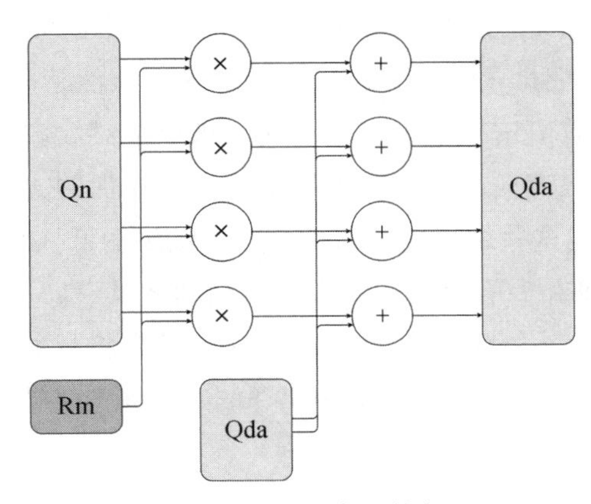


图 4-11　`VMLA` 指令的执行过程

`VMLAS`——矢量乘加到标量。该指令将源矢量寄存器中的每个元素乘以目标矢量寄存器中对应的元素，乘积加上一个标量数值后，将最终结果存储在目标寄存器中。

该指令只能执行在整型数据类型上。

**语法**

```
VMLAS<v><.dt>  Qda, Qn, Rm
```

VFMAS——按标量进行矢量融合乘加。该指令将源矢量寄存器中的每个元素乘以目标矢量寄存器中对应的元素，乘积加上一个标量数值后，将最终结果存储在目标寄存器中。在进行加法运算之前，没有对乘法运算的结果进行舍入处理。

该指令只能执行在浮点数据类型上。

**语法**

```
VFMAS<v><.dt>  Qda, Qn, Rm
```

**示例**

初始条件：

```
R0 = 0x3800（即0.5的半精度浮点表示）
Q0 = [0.0, 1.0, 2.0, 3.0, 0.0, 1.0, 2.0, 3.0]
Q1 = [19.5, 19.0, 20.0, 18.0, 18.0, 19.5, 21.0, 20.0]
```

指令：

```
VFMAS.F16 Q0, Q1, R0
```

结果：

```
Q0 = [0.5, 19.5, 40.5, 54.5, 0.5, 20.0, 42.5, 60.5]
```

VMLADAV{A}{X}——双矢量点乘累加。矢量寄存器中的元素都是成对处理的。在指令的基础变体中，两个源矢量寄存器中的对应元素进行乘法运算。而在“交换”变体中，在与第二个源寄存器中的数值进行乘法运算之前，指令会对读取到的第一个源寄存器中的每一对相邻元素的数值进行交换。每一对乘积结果通过相加的方式结合到一起。在每一个矢令块结束的时候，对上述这些结果进行累加，并将结果的低 32 位写回到目标通用寄存器中。可以选择是否将目标通用寄存器的原始数值累加到结果中。

如果指令中有 A 的后缀（如 VMLADAVA），意味着结果将与通用寄存器中原有的数值进行累加。如果指令中有 X 的后缀，表明 Qm 中相邻的一对元素数值将被交换。

**语法**

```
VMLADAV{A}{X}<v><.dt> Rda, Qn, Qm
```

图 4-12 展示了一个 VMLADAVA.S32 指令执行的示例。

VMLAV——矢量点乘累加。该指令等同于 VMLADAV 没有交换的变体。

**语法**

```
VMLAV{A}<.dt> Rd, Qn, Qm
```

该指令将产生一个 32 位标量结果，并存储在通用寄存器中。指令的 A 变体对 Rd 寄存器中的原始数值进行累加。VMLAV 指令进行了矢量内元素的 MAC 运算。这意味着指令将 Qn 中的每个元素乘以 Qm 中的对应元素，并将所有结果累加起来。在 VMLAVA 变体中，上述结果还需要加上矢量寄存器 Rd 中已经存在的数值。

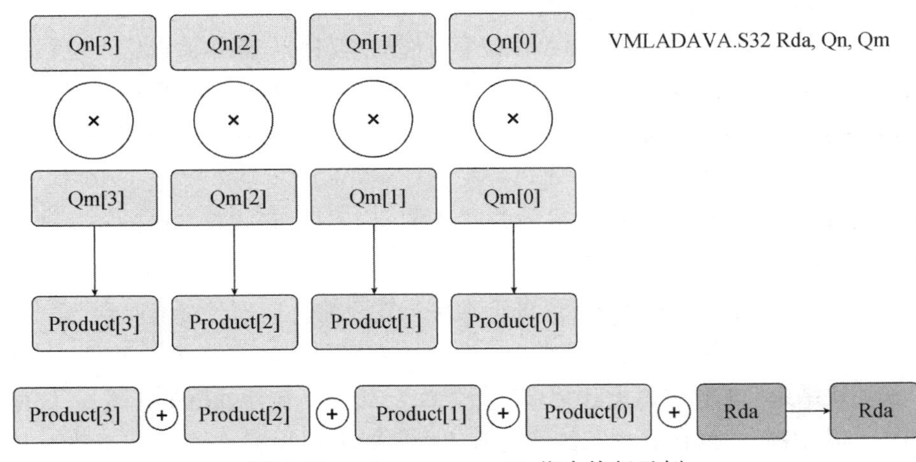


图 4-12 VMLADAVA.S32 指令执行示例

VMLALDAV(H){A}{X}——双矢量点乘长累加。矢量寄存器中的元素都是成对处理的。在指令的基础变体中，两个源矢量寄存器中的对应元素进行乘法运算。而在“交换”变体中，在与第二个源寄存器中的数值进行乘法运算之前，指令会对读取到的第一个源寄存器中的每一对相邻元素的数值进行交换。每一对乘积结果通过相加的方式结合到一起。在每一个矢令块结束的时候，对上述这些结果进行累加。64 位的结果将被存储在两个寄存器中，上半部分存储在奇数索引值的寄存器中，下半部分存储在偶数索引值的寄存器中。可以选择是否将目标通用寄存器的原始数值也累加到结果中。同样地，如果指令带有 A 的后缀，则意味着结果需要与原有的寄存器数值进行累加。带有 X 后缀的指令意味着 Qm 中成对的元素数值将会被交换。该指令只能执行在 16 位或者 32 位整型数据上。在需要的时候，可以使用 64 位的累加器来提供更大的数值类型支持范围。

**语法**

```
VMLALDAV{A}{X}<v><.dt> Rda, Qn, Qm
```

VMLALV——矢量点乘长累加。该指令等同于 VMLALDAV 没有交换的变体。

**语法**

```
VMLALV{A}<.dt> RdaLo, RdaHi, Qn, Qm
```

需要注意的是，这些指令的累加器来源于目标通用整型寄存器而非矢量寄存器。这样做能够减轻矢量寄存器的压力（Helium 中仅有 8 个矢量寄存器）。同时，这样的处理让架构避免了潜在的重叠指令（一条指令和另一条指令存在矢令块的重叠）执行时产生异常的问题。一条类似于 VMLALVA 的指令，对矢量中 32 位数值进行乘法运算产生 64 位结果并对结果进行累加，需要保存完整的 64 位乘法输出结果。而对于硬件来说，在不使用通用寄存器来保存输出的情况下，很难处理上述操作。

在对乘加运算进行矢量化时，通常有一个对应的“归约”操作，在这个过程中将所有的中间值进行累加。这样的“归约”操作可以轻易地通过 VMLAL 类指令来完成。但是，这类指令只能执行在整型操作数上。对于浮点型 MAC，则需要使用下面介绍的一些指令来实现这最后一步“归约”操作。

VRMLALDAVH——双矢量点乘长累加后返回高 64 位。矢量寄存器中的元素都是成对处理的。在指令的基础变体中，两个源矢量寄存器中的对应元素进行乘法运算。而在“交换”变体中，在与第二个源寄存器中的数值进行乘法运算之前，指令会对读取到的第一个源寄存器中的每一对相邻元素的数值进行交换。每一对乘积结果通过相加的方式结合到一起。在每一个矢令块结束的时候，对上述结果进行累加。72 位累加器数值中的高 64 位存储在两个寄存器中，其中高 32 位存储在奇数索引值的寄存器中，低 32 位存储在奇数索引数值的寄存器中。目标通用寄存器的原始数值可以选择是否上移 8 位后累加到结果中。在选择累加器数值的高 64 位之前，需要对结果进行舍入操作。

**语法**

```
VRMLALDAVH{A}{X}<v><.dt> RdaLo, RdaHi, Qn, Qm
```

在下面的 C 代码中，可以看到 VRMLALDAVHA 指令如何被用来计算两个 Q31 矢量的点积。vldrwq_s32 原语加载两个矢量（每个矢量中包含 4 个 Q31 元素）后，vrmlaldavhaq_s32 原语将每一个矢量中的元素对相乘后并对乘积进行累加。代码来源于 CMSIS（在本书的后续章节中将详细介绍），如下所示，详细内容可参见 https://github.com/ARM-software/CMSIS_5/blob/develop/CMSIS/DSP/Source/BasicMathFunctions/ arm_dot_prod_q31.c。

```
#include "arm_helium_utils.h"
void arm_dot_prod_q31(    const q31_t * pSrcA,  const q31_t * pSrcB,  uint32_t
blockSize,    q63_t * result)
{
    uint32_t  blkCnt;           /*循环次数*/
    q31x4_t vecA;
    q31x4_t vecB;
    q63_t      sum = 0LL;
    /*一次计算4个结果*/
    blkCnt = blockSize >> 2;
    while (blkCnt > 0U)
    {
        /*    * C = A[0]* B[0] + A[1]* B[1] + A[2]* B[2] + .....+ A[blockSize-1]*
B[blockSize1]
         * 计算点积，并将结果保存在临时变量中
         */
```

```
            vecA = vld1q(pSrcA);
            vecB = vld1q(pSrcB);
            sum = vrmlaldavhaq(sum, vecA, vecB);

            /*
             * 减少循环次数
             */

            blkCnt--;

            /*
             * 更新源矢量和目标矢量指针
             */

            pSrcA += 4;
            pSrcB += 4;
        }
    }
```

VRMLALVH{A}——矢量点乘长累加后返回高 64 位。该指令等同于 VRMLALDAVH 指令无交换变体。指令仅接受 32 位输入并返回 72 位累加器的高 64 位。

**语法**

```
VRMLALVH{A}<v><.dt> RdaLo, RdaHi, Qn, Qm
```

VMLSDAV{A}{X}——矢量乘减，双矢量内乘积累加。矢量寄存器中的元素都是成对处理的。在指令的基础变体中，两个源矢量寄存器中的对应元素进行乘法运算，而在“交换”变体中，在与第二个源寄存器中的数值进行乘法运算之前，指令会对读取到的第一个源寄存器中的每一对相邻元素的数值进行交换。每一对乘积结果通过一个乘积减去另一个乘积的方式结合到一起。在每一个矢令块结束的时候，对上述这些结果进行累加，并将结果的低 32 位写回到目标通用寄存器中。目标通用寄存器的原始数值可以选择是否累加到结果中（通过在指令中添加 A 后缀来指定）。指令只能执行在有符号整型（.S8、.S16 或者 .S32）数据类型上。

**语法**

```
VMLSDAV{A}{X}<v><.dt> Rda, Qn, Qm
```

VMLSLDAV(H){A}{X}——双矢量按矢量相乘长乘减。矢量寄存器中的元素都是成对处理的。在指令的基础变体中，两个源矢量寄存器中对应的元素进行乘法运算。而在“交换”变体中，在与第二个源寄存器中的数值进行乘法运算之前，指令会对读取到的第一个源寄存器中的每一对相邻元素的数值进行交换。每一对乘积结果通过一个乘积减去另一个乘积的方式结合到一起。在每一个矢令块结束的时候对上述这些结果进行累加。64 位的结果将被存储在两个寄存器中，上半部分存储在奇数索引值的寄存器中，下半部分存储在偶数索引值的寄存器中。目标通用寄存器的原始数值可以选择是否也累加到结果中。

**语法**

```
VMLSLDAVH{A}{X}<v>.S32 Rda, Qn, Qm
```

**VRMLSLDAVH(H){A}{X}**——双矢量按矢量相乘长乘减，返回高 64 位并舍入。矢量寄存器中的元素都是成对处理的。在指令的基础变体中，两个源矢量寄存器中对应的元素进行乘法运算。而在“交换”变体中，在与第二个源寄存器中的数值进行乘法运算之前，指令会对读取到的第一个源寄存器中的每一对相邻元素的数值进行交换。每一对乘积结果通过一个乘积减去另一个乘积的方式结合到一起。在每一个矢令块结束的时候，对上述这些结果进行累加。72 位累加器数值中的高 64 位存储在两个寄存器中，其中高 32 位存储在奇数索引值的寄存器中，低 32 位存储在偶数索引数值的寄存器中。目标通用寄存器的原始数值可以选择是否上移 8 位后累加到结果中。在选择累加器数值的高 64 位之前，需要对结果进行舍入操作。该指令只能执行在 **.S32** 数据上。

**语法**

```
VRMLSLDAVH{A}{X}<v>.S32 Rda, Qn, Qm
```

**VQDMLADH{X}, VQRDMLADH{X}**——矢量饱和加倍乘加，双矢量乘积累加并返回高半部分；矢量饱和舍入加倍乘加，双矢量乘积累加并返回高半部分。矢量寄存器中的元素都是成对处理的。在指令的基础变体中，两个源矢量寄存器中的对应元素进行乘法运算，而在“交换”变体中，在与第二个源寄存器中的数值进行乘法运算之前，指令会对读取到的第一个源寄存器中的每一对相邻元素的数值进行交换。每一对乘积结果通过相加并加倍的方式结合到一起。累加结果值的高半部分将被选择成为最终结果。在基础变体中，将这些结果写入目标寄存器中每对元素的低位元素中，而在交换变体中，结果将会被写入每对元素中的高位元素中。在累加器的高半部分被选择成为结果之前，可选择对结果值进行舍入和饱和操作。指令的数据类型必须是 **.S8**、**.S16** 或者 **.S32**。

**语法**

```
VQDMLADH{X}<v><.dt> Qd, Qn, Qm
VQRDMLADH{X}<v><.dt> Qd, Qn, Qm
```

**VQDMLASH, VQRDMLASH**——（矢量乘矢量后加标量并返回高半部分）矢量饱和加倍乘加；矢量饱和舍入加倍乘加。这些指令将源矢量中的每个元素乘以目标矢量中的对应元素，将乘积加倍之后加到一个标量数值上，并将每个结果的高半部分存储到目标寄存器中。在选择高半部分值之前，可以选择对结果进行舍入操作（对应 **VQRDMLASH** 变体）。

**语法**

```
VQDMLASH<v><.dt> Qda, Qn, Rm
VQRDMLASH<v><.dt> Qda, Qn, Rm
```

VQDMLSDH{X},VQRDMLSDH{X}——（矢量元素乘积相减后累加并返回高半部分）矢量饱和加倍乘减；矢量饱和舍入加倍乘减。矢量寄存器中的元素都是成对处理的。在指令的基础变体中，两个源矢量寄存器中的对应元素进行乘法运算，而在“交换”变体中，在与第二个源寄存器中的数值进行乘法运算之前，指令会对读取到的第一个源寄存器中的每一对相邻元素的数值进行交换。每一对乘积结果通过一个乘积减去另一个乘积后加倍的方式结合到一起。累加结果值的高半部分将被选择成为最终结果。在基础变体中，将这些结果写入目标寄存器中每对元素的低位元素中。而在交换变体中，结果将会被写入每对元素中的高位元素中。在高半部分被选择成为结果之前，可选择对累加结果值进行舍入和饱和操作。

**语法**

```
VQDMLSDH{X}<v><.dt> Qd, Qn, Qm
VQRDMLSDH{X}<v><.dt> Qd, Qn, Qm
```

### 4.2.3　复数运算指令

在很多 DSP 算法，如 FFT 和滤波器中，都使用到了复数。通常，复数以实部和虚部交织的方式存储在同一个矢量中。Helium 中存在一系列指令，包括 VCADD、VCMLA 和 VCMUL，适合处理以这种形式存储的复数。源矢量寄存器中偶数和奇数元素分别被视作一个复数对应的实部和虚部。Helium 拥有在矢量寄存器内执行复数乘法和加法的能力，这减轻了运算更大基底 FFT 时的寄存器压力，提高了计算性能。

两个复数的乘法需要两个乘法运算以及两个加法或者减法运算。对于复数乘法（$a+b$i）*($x+y$i)，结果将会是（$ax-by$）+（$ay+bx$）i。

VCADD,VHCADD——矢量复数旋转加，矢量复数旋转半加。指令将第一个操作数和按照指定角度在复数平面旋转后的第二个操作数相加。对于操作数来说，旋转 90° 等同于乘以一个正数单位的虚数，而旋转 270° 等同于乘以一个负数单位的虚数。对于 VHCADD 指令，需要对结果进行减半。该指令只能执行在 .F16、.F32、.I8、.I16 或者 .I32 等数据类型上。旋转角度的数值只能是 90° 或者 270°。

如图 4-13 中示例所展示的阿根（Argand）图（一种相位矢量图）是将复数作为复数平面上的点的一种几何表示，其中 $x$ 轴为实数轴，$y$ 轴为虚数轴。如果将一个 $x+y$i 的复数逆时针旋转 90°，将会得到 $-y+x$i（一个 90° 的旋转等同于乘以 i）。

**语法**

```
VCADD<v><.dt> Qd, Qn, Qm, #<rotate>
```

**示例**

初始条件：

```
Q3 = [ 10+20i, 30+40i] (实际寄存器数值是[10,20,30,40])
Q4 = [ 60+70i, 80+90i] (实际寄存器数值是[60,70,80,90])
```

指令：

```
VCADD.I32      Q2, Q3, Q4, #90
```

注释：#90 意味着指令实际上执行了一个第二个操作数乘以 i 的复数加法。

结果：

```
Q2 = [ 10+20i, 30+40i ] + i * [ 60+70i, 80+90i ]
   = [ 10+20i, 30+40i ] + [ 60i-70, 80i-90]
   = [ -60+80i, -60+120i ] (实际寄存器数值是[-60,80,-60,120])
```

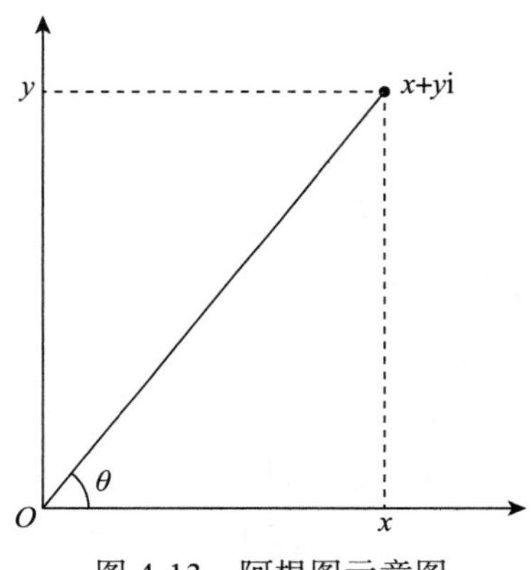

图 4-13　阿根图示意图

VCMUL——矢量复数乘。该指令对来自两个源寄存器的复数元素对执行计算，并将结果保存在对应的目标寄存器元素上。将第二个源寄存器中的复数放在阿根图上来看，可以选择逆时钟旋转 0°、90°、180° 或 270°。如果选择旋转 0° 或者 180°，第二个矢量寄存器中的复数旋转后对应的虚部元素和实部元素将会乘以第一个源寄存器中复数的实部元素。如果选择旋转 90° 或者 270°，则是将第二个矢量寄存器中的复数旋转后对应的虚部元素和实部元素乘以第一个矢量寄存器中复数的虚部元素。指令只能执行在 .F16 和 .F32 数据类型上。

**语法**

```
VCMUL<v><.dt> Qd, Qn, Qm, #<rotate>
```

在表 4-1 中给出了旋转选项是如何起作用的示例。假设在 128 位寄存器中存储了 4 个 32 位浮点数值，也就意味着寄存器中有一对浮点复数。在这里，浮点复数分别被命名为 Qn 寄存器中的 A0 和 A1，以及 Qm 寄存器中的 B0 和 B1，其中复数的实部在 0 和 2 字中，复数的虚部在 1 和 3 字中。

表 4-1　旋转选项起作用示例

| 位位置 | 127:96 | 95:64 | 63:32 | 31:0 |
|---|---|---|---|---|
| Qn | A0(Re) | A0(Im) | A1(Re) | A1(Im) |
| Qm | B0(Re) | B0(Im) | B1(Re) | B1(Im) |

如果执行 VCMUL.F32 Qd, Qn, Qm, #Rotate，那么对应的 Qd 中的结果序列应该如表 4-2 所示。

表 4-2　执行 VCMUL 指令后 Qd 中的结果序列

| Qd | 127:96 | 95:64 | 63:32 | 31:0 |
|---|---|---|---|---|
| 旋转 0° | A0(Re).B0(Re) | A0(Re).B0(Im) | A1(Re).B1(Re) | A1(Re).B1(Im) |
| 旋转 90° | -A0(Im).B0(Im) | A0(Im).B0(Re) | -A1(Im).B1(Im) | A1(Re).B1(Re) |
| 旋转 180° | -A0(Re).B0(Re) | -A0(Re).B0(Im) | -A1(Re).B1(Re) | -A1(Re).B1(Im) |
| 旋转 270° | A0(Im).B0(Im) | -A0(Im).B0(Re) | A1(Im).B1(Im) | -A1(Re).B1(Re) |

VCMLA——矢量复数乘加。该指令按照与 VCMUL 相同的方式进行乘法操作。同样地，该指令只能执行在浮点数据类型上。乘法的结果被加到目标矢量寄存器中原有的数值上。指令的乘法运算和加法运算是融合的，并且没有对结果进行舍入。

**语法**

```
VCMLA<v><.dt> Qda, Qn, Qm, #<rotate>
```

**示例**

初始条件：

Q0 = [0+i, 0+2i, 2+i, 10+5i]
Q1 = [10+11i, 14+15i, 10+12i, 12+8i]

指令：

```
VCMUL.F16      Q2, Q0, Q1, #0
VCMLA.F16      Q2, Q0, Q1, #270
```

注释：一条 VCMLA 指令可以执行 4 次半精度浮点乘法。该指令顺序地执行 Q0 的共轭复数矢量乘以 Q1。第一个矢量的共轭矢量按照该顺序乘以第二个矢量。

结果：

Q2 = [11-10i, 30-28i, 32+14i, 160+20i]

8.5 节中将会有示例来进一步展示 VCMUL 和 VCMLA 指令的使用。

### 4.2.4 定点复数乘法运算

上述指令只能执行在浮点元素上。如果希望进行定点复数的乘法，则必须使用 VQDMLA 和 VQDMLS 指令。（复习一下之前的内容，进行定点乘法时，因为存在符号位，所以必须对结果进行加倍。同时，使用饱和运算来避免溢出。）通常，为了保证指令运算结果的位宽与输入一致，会返回高半部分的变体（H 后缀）。在本章前面的部分已经对这些复数乘法指令进行了介绍。指令的基础变体将结果写入每一对元素的低位元素。指令的“交换”变体（X 后缀）则将结果写入每一对元素的高位元素。对于复数的乘法，简单地使用成对的 VQDMLSH 和 VQDMLAHX 指令就可以实现。对于共轭乘法，则可以使用上述指令创建各种共轭变体。表 4-3 中显示的是每一种指令执行后，对应的 Qd 寄存器中产生的数值。连字符表示在该处数值没有发生改变。表 4-3 假设执行在 32 位的元素上，但是同样的规则也适用于 16 位或者 8 位元素。

表 4-3 执行 VQDMLSH(X) 和 VQDMLAH(X) 指令后对应的 Qd 寄存器中产生的数值

| 位 | 127:96 | 95:64 | 63:32 | 31:0 |
|---|---|---|---|---|
| Qn | A0(Re) | A0(Im) | A1(Re) | A1(Im) |
| Qm | B0(Re) | B0(Im) | B1(Re) | B1(Im) |
| VQDMLSDH | A0(Re).B0(Re)-A0(Im).B0(Im) | — | A1(Re).B1(Re)-A1(Im).B1(Im) | — |
| VQDMLSDHX | — | A0(Im).B0(Re)-A0(Re).B0(Im) | — | A1(Im).B1(Re)-A1(Re).B1(Im) |
| VQDMLADH | A0(Re).B0(Re)+A0(Im).B0(Im) | — | A1(Re).B1(Re)+A1(Im).B1(Im) | — |
| VQDMLADHX | — | A0(Im).B0(Re)+A0(Re).B0(Im) | — | A1(Im).B1(Re)+A1(Re).B1(Im) |

## 4.3 数据移动

Helium 中提供了在矢量寄存器和标量寄存器之间进行数据移动的指令。

VMOV——矢量移动。很显然，对于一个指令集来说，必须拥有将立即数加载到寄存器中以及在寄存器之间传递数据的方法。Helium 也同样需要有这样的能力，来实现在通用标量寄存器和矢量寄存器之间移动数据。VMOV 指令就是用来实现上述功能的。以下是该指令的几个选项：

- 将一个矢量寄存器的数值复制到另一个矢量寄存器中（实现上等同于 VORR Qd, Qm, Qm）。
- 将两个 32 位矢量通道复制到两个通用寄存器中。

- 将两个通用寄存器复制到两个 32 位矢量通道中。
- 将一个矢量通道的数值复制到通用寄存器中。
- 将一个通用寄存器的数值复制到一个矢量通道中。
- 将矢量寄存器中的每一个元素设置成立即数数值。

**语法**

```
VMOV<c><.dt>  Qd[idx], Rt       // 将标量寄存器复制到矢量通道
VMOV<c><.dt>  Qd, #Imm          // 将每个通道设置成立即数
VMOV<c><.dt>  Qd, Qm            // 将一个矢量寄存器复制到另一个
VMOV<c> Rt, Qd[idx]             // 将矢量通道复制到标量寄存器

VMOV<c> Rt, Rt2, Qd[idx], Qd[idx2]  // 将两个矢量通道复制到两个标量寄存器
VMOV<c> Qd[idx], Qd[idx2], Rt, Rt2  // 将两个标量寄存器复制到两个矢量通道
```

**示例**

```
VMOV Q3[2], R4          // 设置矢量寄存器Q3的第二个元素等于标量寄存器R4的内容

VMOV Q0, #0             // 将Q0的所有元素设置为0
```

Armv8-M 架构的浮点扩展中提供了支持浮点的 `VMOV` 指令。这些指令支持将一个或者两个单精度寄存器（`S0`～`S31`）复制到一个或者两个通用寄存器，或者从通用寄存器复制到单精度寄存器。也支持一个双精度浮点寄存器（`D0`～`D15`）和一个通用整型寄存器之间的数值复制，以及单精度寄存器和双精度寄存器之间的数值复制。因为 Helium 和 FPU 之间共享了一系列寄存器，这些指令可以用于复制 Helium 寄存器 `Q0`～`Q7` 的一部分。这些指令不是按照矢令块执行的，因此在与其他的 Helium 指令交织的时候不是最优解。

**语法**

```
VMOV<c><q> Rt, Sn              // 单精度浮点寄存器到整型寄存器

VMOV<c><q> Sn, Rt
VMOV<c><q> Rt, Rt2, Sm, Sm1
VMOV<c><q> Sm, Sm1, Rt, Rt2    // 两个整型寄存器到两个单精度浮点寄存器

VMOV<c><q> Rt, Rt2, Dm
VMOV<c><q> Dm, Rt, Rt2
VMOV<c><q>.F32 Sd,Sm           // 一个单精度寄存器到另一个

VMOV<c><q>.F64 Dd,Dm
```

## 移动指令变体

Helium 中也存在将移动操作与其他操作结合在一起的移动指令变体。

`VMVN`——矢量移动取反。该指令将矢量寄存器中的每个元素设置为一个立即数数值的

按位取反值，或者设置为与另一个矢量寄存器的按位取反值。

**语法**

```
VMVN<v><.dt>  Qd, Qm
VMVN<v><.dt>  Qd, #Imm
```

VMOVL——矢量长移。该指令从每个源元素中选择元素的前半（T 变体）部分或后半（B 变体）部分中的 8 位或者 16 位，用符号或者 0 进行扩展后，以立即数数值执行有符号或者无符号左移，并将 16 位或者 32 位的结果放在目标矢量中。

**语法**

```
VMOVL<T><v><.dt>  Qd, Qm
```

**示例**

初始条件：

```
Q0 = [700, 600, 500, 400, 300, 200, 100, 0]     //16位整数
// 回顾之前的内容，700是最低有效值
```

指令：

```
VMOVLT.S16 Q1, Q0
VMOVLB.S16 Q2, Q0
```

结果：

```
Q1 = [600, 400, 200, 0]    //32位整数
Q2 = [700, 500, 300, 100]
```

VMOVN——矢量窄移。指令按元素将元素宽度缩窄到一半，将结果写入结果元素的前半（T 变体）部分或者后半（B 变体）部分。目标矢量中结果元素的另一半维持之前的数值不变。

**语法**

```
VMOVN<T><v><.dt> Qd, Qm
```

**示例**

初始条件：

```
Q1 = [600, 400, 200, 0]     //32位整数
Q2 = [700, 500, 300, 100]
```

指令：

```
VMOVNT.I32 Q0, Q1
VMOVNB.I32 Q0, Q2
```

结果：

```
Q0 = [700, 600, 500, 400, 300, 200, 100, 0]        //16位整数
```

VQMOVN——矢量饱和窄移。指令按元素饱和运算后将宽度缩窄到一半，将结果写入结果元素的前半（T 变体）部分或者后半（B 变体）部分。目标矢量中结果元素的另一半维持之前的数值不变。

**语法**

```
VQMOVN<T><v><.dt> Qd, Qm
```

VQMOVUN——矢量饱和无符号窄移。指令按元素饱和运算后将宽度缩窄到一半，将结果写入结果元素的前半（T 变体）部分或者后半（B 变体）部分。目标矢量中结果元素的另一半维持之前的数值不变。最终结果将被饱和运算成无符号数。

**语法**

```
VQMOVUN<T><v><.dt> Qd, Qm
```

图 4-14 中显示了 VQMOVUNT.S16 指令将 16 位元素缩窄到 8 位元素。Qm 中 8 个输入元素都被饱和到 8 位，并将结果写入 Qd 中对应的前半部分（奇数索引的）通道中。

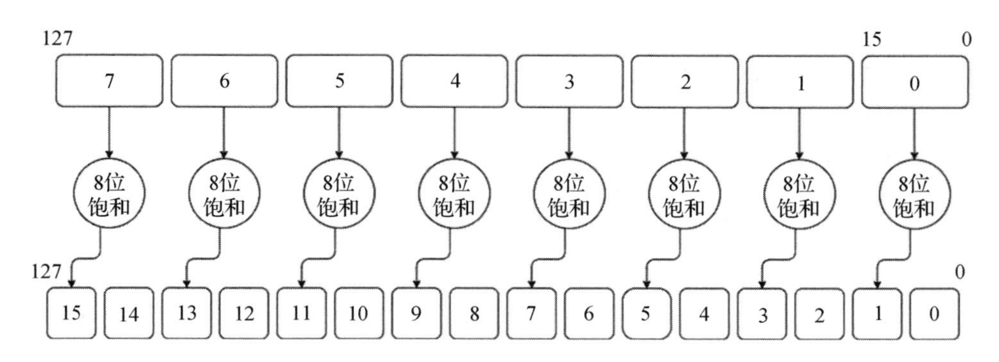


图 4-14　VQMOVUNT.S16 指令

Helium 中有一些指令用于对矢量中的每个元素进行设置（设置成来自通用寄存器的数值或者指令的格式）。

VDUP——矢量复制。该指令将通用寄存器的数值复制到矢量寄存器的每一个元素中。

**语法**

```
VDUP<v><.size> Qd, Rt
```

图 4-15 展示了使用 VDUP 指令来复制 R0 的数值到 Q0 寄存器中的 4 个 32 位通道中。

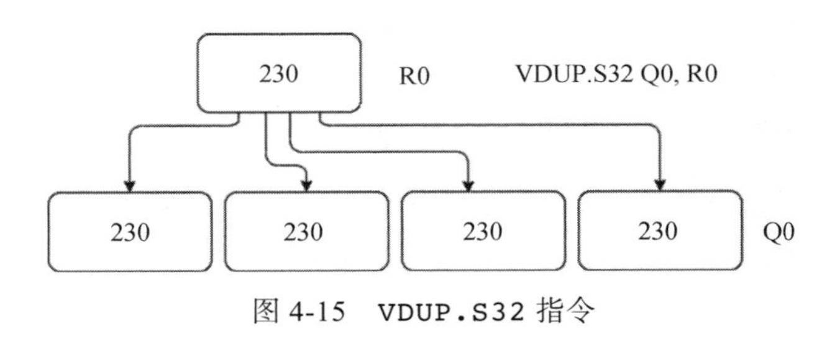


图 4-15 VDUP.S32 指令

VDDUP，VIDUP，VDWDUP，VIWDUP——矢量减 / 增并复制，矢量回绕减 / 增并复制。这些指令使用从标量寄存器指定的偏移量开始的连续增加的或减少的数值来填充矢量中的元素。这些被填充进去的数值按照指定的立即数数值（只能是 1、2、4 或者 8）递减或者递增。在指令的所有变体中，标量寄存器中指定的开始偏移量将会在被更新后写回到 Rn 中。对于回绕变体，递减或者递增的操作是回绕的，因此写入矢量寄存器元素中的数值在 [0,Rm] 范围内。如果 Rn 和 Rm 不是立即数数值的倍数，或者 Rn 的数值大于或等于 Rm，指令执行后 Rn 和 Qd 的数值将会是未知的。

**语法**

```
VDDUP<v><.size>  Qd, Rn, #<imm>
VIDUP<v><.size>  Qd, Rn,  #<imm>
VDWDUP<v><.size>  Qd, Rn, Rm, #<imm>
VIWDUP<v><.size>  Qd, Rn, Rm, #<imm>
```

图 4-16 中展示了 VIDUP 指令的操作过程。取自 R0 的初始值 9 被放到 Q0 的底部通道中。后续的每个通道被填充连续增加的数值（10，11，12），在该指令中，增加的值是立即数数值 #1。指令执行的最后，对 R0 进行更新来指向下一个数值（13）。

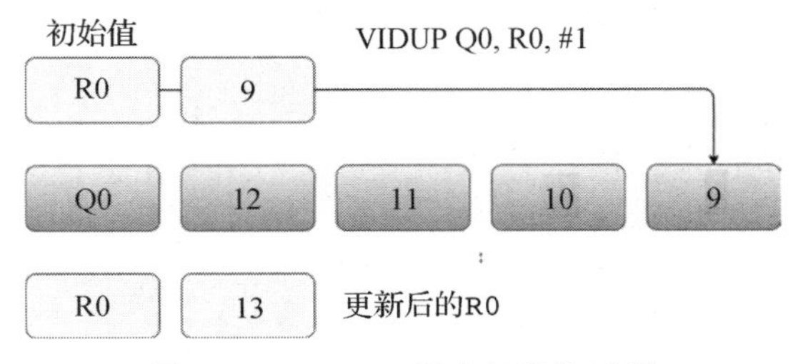


图 4-16 VIDUP 指令的操作过程

5.2 节中还有 VIWDUP 指令的进一步示例。

最后，Armv8.1-M 浮点扩展中添加了 VINS 指令。尽管这个指令不是矢量运算指令，作为一个新的数据移动指令，它对 Helium 代码很有用处。

VINS——浮点插入移动。该指令将单精度浮点源寄存器的低 16 位复制到目标单精度浮点寄存器的高 16 位，其他位保持不变。

**语法**

```
VINS<v>.F16 <Sd>, <Sm>
```

该指令可以用于将一个 Helium 矢量中一个通道的 16 位移动到另一个通道中。

## 4.4 比较和预测

在 Cortex-M 处理器的标准 Thumb 代码中，IF-THEN（IT）指令是很常见的。它在不使用条件跳转（这样可以避免跳转惩罚开销）的情况下，提供了有条件地执行指令的方法。但是，因为 Helium 需要指令对矢量中的每个元素执行单独的操作，所以 IT 指令并不适用于矢量化的代码。因此，许多 Helium 指令不能用在 IT 块内。尽管如此，Helium 中使用的条件执行的机制（VPT 和 VPST 指令）还是和 IT 指令在工作方式上非常相似。也正是因为如此，本节将以对 IT 指令的快速回顾作为开始。

当代码中有这类条件执行语句（比如，一个 if 或者 switch）时，如何实现条件执行可以由编译器来选择。条件跳转（比如，BNE，不相等时跳转）或者一个 IT 指令的使用，都可以用于处理条件执行。IT 指令允许最多 4 条后续指令被有条件地执行。后续指令是否被执行取决于应用状态寄存器（Application Status Register, APSR）的位（零位，进位等）数值以及 IT 指令中指定的条件。这些条件执行指令可能是算术逻辑单元（Arithmetic Logic Unit，ALU）操作，也可能是内存操作。IT 块中最后一条指令也可以是条件跳转。

IT 指令的格式是在 IT 操作码之后接上最多三个后缀字母，每一个是 T（THEN）或者 E（ELSE），再后面是使用到的条件代码。因此，IT 指令的实际编码可能是 IT、ITT、ITE、ITET、ITEEE 等。

所以，我们可能看到如下汇编代码：

```
CMP     R0, #100
ITE     EQ          // E表示紧随的第二个指令在Else时执行
MOVEQ   R1, #1      // 如果条件为真，将R1设置为1
MOVNE   R1, #2      // 如果条件不为真，将R1设置为2
```

注意，IT 块中 MOV 指令上附加的 EQ 和 NE 的条件实际上存在于 IT 指令的编码中。

在进行代码矢量化的时候，可能需要将很多数值进行比较，而不是仅仅比较一个数值。因此，需要使用矢量比较指令（比如，VCMP）。不同于简单地决定一个指令执行与否，Helium 需要对单独的通道进行有条件执行的能力。这样，THEN 的条件可以应用在一些元素上，而 ELSE 的条件可以应用在其他元素上。

矢量预测状态和控制寄存器（VPR）的 15:0 位包含了一个 16 位的位域（VPR.P0），其中每一位用于一条 8 位通道的预测。4 位组成一组，每组决定了对应的矢令块中的 4 个字节的预测，而不用考虑实际的指令数据类型。如果位的数值是 0，对应的矢量通道将会被屏蔽。如果数值是 1，对应的矢量通道将是有效的。接下来将会看到，`VPR.P0` 位域是由 `VCMP` 和 `VPT` 指令设置的。

在图 4-17 中可以看到 VPR 是如何进行通道预测操作的。其中 `VADD` 指令只会执行在预测为真的通道上。在 `Q2` 中显示为“-”的通道维持之前的数值并且不会被指令写入。在这个例子中，指令执行在 16 位的整型通道上，因此需要两位 `VPR` 位来预测每条通道。

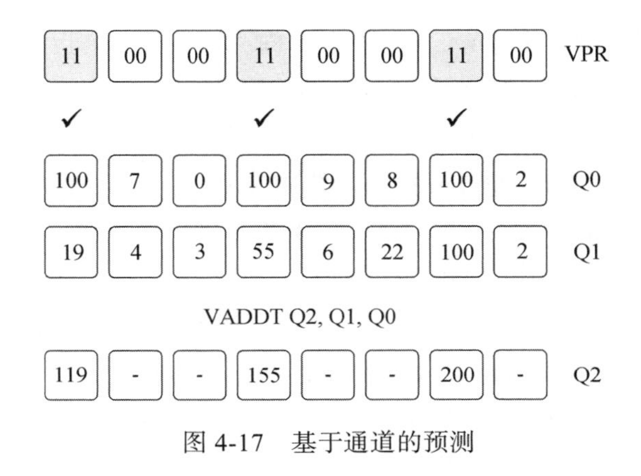


图 4-17 基于通道的预测

所以，在这种情况下必须使用 `VPT` 指令，而不是 IT 指令。`VPT` 指令使能了基于比较结果的预测。它可以定义一个“矢量预测块”，即一条 `VPT`（或者 `VPST`）指令之后最多跟着 4 条指令。“矢量预测块”中的每条指令对应着 VPR 寄存器中保存的预测条件。

图 4-18 展示了 `VPT` 指令对于 `VPR.P0` 的作用。在这个例子中，以 `EQ` 为条件，在矢量寄存器 `Q0` 和标量寄存器之间进行比较。如果比较结果为真，对应的 `VPR` 位将会被设置为 1，否则将会被设置为 0。在这个示例中，因为指定了 16 位的元素位宽，每次比较将会决定两个位的结果。`VPT` 指令在执行上类似于 `VCMP` 指令。但是，`VPT` 指令还会对 VPR 掩码位进行设置。使用这些掩码允许最多 4 条后续指令以 `THEN` 或 `ELSE` 为基础进行预测（比如，一些通道基于 `THEN` 条件指令进行更新，另一些通道则基于 `ELSE` 条件更新）。如果将 `VPT` 块的条件从 `THEN` 改变成 `ELSE`，那么 `VPR.P0` 位的状态也会跟着反转。

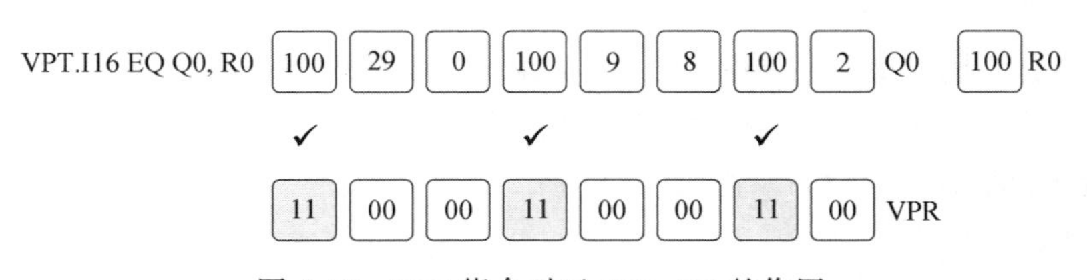


图 4-18 `VPT` 指令对于 `VPR.P0` 的作用

实现上述 VPR.P0 位翻转的机制如下。在 VPR 寄存器中也包含了 VPR.MASKn 位，它的作用和 ITSTATE 掩码位是类似的。VPR.MASK01 的数值将会对 VPR.P0 的 [7:0] 位起作用，而 VPR.MASK23 则会对 VPR.P0 的 [15:8] 位起作用。VPR 的掩码位对当前 VPT 块中未执行指令的数量以及这些指令是受制于 THEN 还是 ELSE 条件进行编码。如果 VPR 掩码位是 1，将会导致 VPR 预测位被反转。换句话说，VPR 掩码起到了一种“切换当前预测条件”的作用。在执行完成 VPT 块中的最后一条指令后，VPR 预测位不会反转。图 4-19 展示了 VPR 寄存器和它的位域。

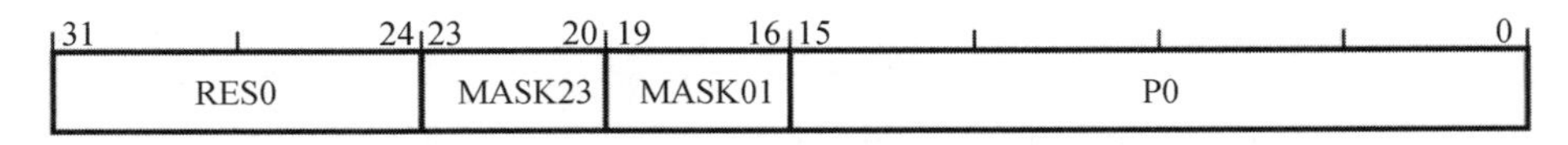


图 4-19　VPR 寄存器及其位域

一条 VCMP 指令可以被放置到矢量预测块中。VCMP 指令可以用于矢量或者浮点数值的比较。该指令的执行将会对 VPR.P0 进行更新，所以也会对矢量预测块中接下来的指令产生影响。因此，后续的指令会同时受制于初始块预测和 VCMP 指令引起的更新。这样的特性可以用于构造复杂的预测条件，比如嵌套的 IF 语句。

从上面可以看到，VPT 和标准的 Thumb IT 指令之间有很多相似之处，但是它们在很多方面也存在着明显的差异。

- IT 指令将之前的比较作用于接下来的 1～4 条指令。VPT 自身执行比较，并将比较结果作用于接下来的指令——这使得 VPT 像是一个矢量比较和一个 IF-THEN 的结合体。
- VPR 掩码位域类似于 ITSTATE[3:0]。VPR 掩码位域中记录着当前 VPT 块中指令的数量，以及这些指令是适用于 THEN 还是 ELSE 条件。这些掩码位域也能够处理在重叠指令执行的过程中中断或者其他异常导致的部分指令执行的情况。

目前为止，本节介绍了比较和预测指令是如何工作的。接下来，将会介绍这些指令的具体操作和语法，并对一些示例进行分析。

VCMP——矢量比较。指令执行按通道的比较。比较的对象是第一个源矢量寄存器的每个元素和第二个源矢量寄存器的对应元素，也可以是第一个源矢量寄存器的每个元素和通用寄存器的数值。比较的布尔结果存放在 VPR.P0 中。预测的通道对应的 VPR.P0 标志位将会被置 0。指令语法中 <fc> 位域表示标准的 Arm 条件表达式（EQ、NE 等）。

**语法**

```
VCMP<v><.dt> <fc>, Qn, Qm
VCMP<v><.dt> <fc>, Qn, Rm
```

VCTP——矢量创建尾部预测。该指令在 VPR.P0 中创建一个预测模式，使得元素的索引值在等于 Rn 或者大于 Rn 的数值的时候才会被预测。元素索引值小于 Rn 数值的元素都是不可被预测的。将指令放在 VPT 块时，如果通道是可以被预测的，那么对应的 VPR.P0 模式也会被预测。产生的 VPR.P0 模式可以被接下来的预测指令使用，在矢量寄存器上进行尾部预测。

**语法**

```
VCTP<v><.dt> Rn
```

在 3.4 节中已经介绍了尾部预测。图 4-20 展示了一个 VCTP 指令执行的示例。

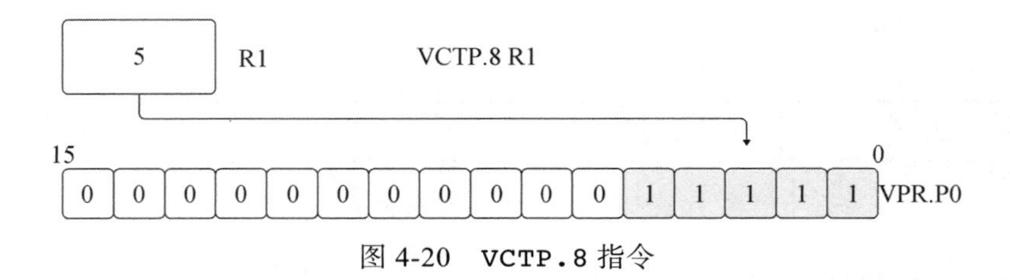


图 4-20　VCTP.8 指令

尾部处理的示例代码如下：

```
VCTP.32 R3                      // R3中保存剩余循环次数
VPSTTTT
VLDRWT.F32 Q0, [R0]             // R0指向SrcA
VLDRWT.F32 Q1, [R1]             // R1指向SrcB
VMULT.F32       Q2, Q0, Q1
VSTRWT.F32 Q2, [R2]             // R2是目标结果
```

在代码中，使用 VCTP 指令来设置 VPR.P0 标志。这样，只有正确数量的数组中剩下的元素才会被加载、相乘和存储。

VPNOT——矢量预测否。该指令将 VPR.P0 中的预测条件进行取反。VPR.P0 中预测的通道对应的标志将会被置 0。

**语法**

```
VPNOT<v>
```

**示例**

初始条件：

Q0 = [ 0, 1, 2, 3]
Q1 = [ 4, 3, 2, 1]
Q2 = [99, 99, 99, 99]
Q3 = [1, 2, 3, 4]

指令：

```
VCMP.S32     LE, Q0, Q1  // 使用Q0[i] <= Q1[i] (i=0..3)设置VPR.P0
VPNOT                    // 将当前VPR.P0中的预测条件进行取反
VPSEL        Q2, Q2, Q3  // 根据取反后的条件进行选择
```

结果：

Q2 = [ 1, 2, 3, 99]

VPSEL——矢量条件预测。该指令基于 VPR 预测位，计算一个矢量寄存器和另一个矢量寄存器的按字节条件选择。需要注意的是，尽管指令可以在汇编语法中指定数据类型，但是这个数据类型将会被忽略并且不会编码到指令机器码中。

**语法**

```
VPSEL<v>{<.dt>} Qd, Qn, Qm
```

VPT{x{y{z}}}——矢量条件预测。该指令基于 VPR.P0 预测值，对指令的每一条通道的操作进行掩码处理，来实现对接下来的最多 4 条指令的预测。被预测的指令被称作矢量预测块或者 VPT 块。在 VPT 块中的每条指令被执行后，基于 VPR 中的掩码域，VPR.P0 的预测值有可能被反转。指令中 <x> 的值指定了 VPT 块中可能存在的第二条指令的执行条件，可以用于表明它的执行条件与第一条指令是相同（T）还是相反（E）。同样地，指令中 <y> 和 <z> 的值则指定 VPT 块中可能存在的第三条和第四条指令的条件。

**语法**

```
VPT{x{y{z}}} <.dt> <fc>, Qn, Qm
VPT{x{y{z}}} <.dt> <fc>, Qn, Rm
```

可以参照以下示例代码。在这个简单的 C 代码中，对数组进行迭代，找到大于 CLIP 的元素，并将该元素的数值设置成 CLIP：

```
for (int i = 0; i < LEN; i++) {
    if (data[i] > CLIP) data[i] = CLIP;
}
```

对应地，可以使用一段 Helium 汇编代码来实现上述功能：

```
        VDUP.32 Q1, R0                              // R0 = CLIP数值
        WLSTP.32        LR, R1, loopEnd             // R1 = LEN
loopStart:
        VLDRW.32        Q0, [R2]                    // R2 = 数据指针
        VPT.S32         GT, Q0, R0                  // 每个通道和R0进行比较
        VSTRWT.32       Q1, [R2], #16               // 带通道预测的VSTR指令
        LETP            LR, loopStart
loopEnd:
```

在执行迭代之前，使用 VDUP 指令对矢量寄存器进行预初始化，这样 Q1 中的每个通道都被设置成 R0（也就是 CLIP 的数值）。接下来，使用 WLSTP 和 LETP 指令构造一个带尾部预测的 While 循环。对于循环主体，可以简单地加载数组数据到矢量中，并将矢量的每一条通道与 CLIP 数值进行比较。接下来的存储指令只会在通过了 GT 条件的通道上进行写

入操作，这样 CLIP 数值只会写入这些大于 CLIP 的内存中。注意，尽管后续指令的 T（或者 E）执行条件被编码到 VPT 指令的操作码中，但为了便于阅读汇编代码，它们也被附加到所适用的指令中（比如，在这里 VSTRW 指令变成了 VSTRWT）。这些使用了预测特性的代码可以依靠矢量化的 C 编译器来生成。注意，代码中由于存在尾部预测循环，因此会发生预测（如果 LENGTH 不是 4 的倍数，那么代码只会执行最后一次迭代的 1、2 或者 3 个字的计算）。VPT 指令的执行结果也会导致预测产生。同样地，使用 VPT 指令，也可以构造嵌套的条件执行，如 if x then if y。注意，在 7.5 节中将会看到 VPT 指令并不会作为一个原语函数直接呈现。

最后的 VSTRWT 指令除了它本身预期的矢量运算外，还存在标量运算。该指令是一条后增加的存储指令，当指令结束的时候，R2 的数值将会增加 16。即使所有矢量元素都预测为假，这种增加也是无条件执行的。而这样的行为也是大多数算法所需要的。

然而，有时也需要考虑矢量指令的标量行为产生的副作用。例如，考虑一下以下示例：

```
VPTE.S32            GE, Q2, R0
VMLALDAVAT.S32      %Q[SUM], %R[SUM], Q0, Q1
VMLALDAVE.S32       %Q[SUM], %R[SUM], Q0, Q1
```

在代码中，VMLALDAV 指令将 Q0 和 Q1 中对应的元素对相乘后将结果相加，最后将 64 位的结果存储到两个通用寄存器中。指令 VMLALDAVA 变体还需要将结果与寄存器中存在的内容相加。代码的原始用意是，在 THEN 条件中使用累加版本的变体，而在 ELSE 条件中使用非累加版本的变体。然而结果将只是非累加变体指令的结果，它将直接覆盖标量通用寄存器。

VPST{x{y{z}}}——矢量设置条件预测。该指令对接下来最多 4 条指令进行预测。其作用类似于 VPT 指令。但是指令本身不进行比较操作，而是使用当前的 VPR.P0 的数值当作预测条件。

**语法**

```
VPST{X{Y{Z}}}
```

**示例**

以 Q0=[30,20,10,0] 作为初始条件，执行下列指令序列：

```
MOVS    R0, 0XFF          // 前两个32位通道的掩码
VMSR    P0, R0            // 设置VPR=0x000000ff
MOV     R2, #5
VPSTT       // 激活对接下来两条指令的预测
            // VPR=0x004400ff
VNEGT.S32         Q0, Q0          // 只对有效通道进行取负操作
VMULT.S32         Q0, Q0, R2      // 只对有效通道进行乘以5操作
```

因为只有两条通道是有效的，所以 VPSTT 指令对接下来的两条指令进行预测。导致的

结果是，指令 VNEG 和 VMUL 只会执行在这两条通道上，而其他通道保持不变。最终的结果是

```
Q0 = [ 30, 20, -50, 0]
```

## 4.5 问题

1. 在 Helium 中，用于矢量加的指令是什么？
2. VFMA 和 VMLA 乘加指令的区别是什么？
3. 为什么矢量代码中需要使用 VPT 而不是 IT ？

# 第 5 章
# 内存访问指令

Helium 在标准的 M 系列架构内存访问指令的基础上增加了一些新的加载和存储指令。这些指令也支持相同的索引功能，包括前置或后置递增和指针写回。

Helium 提供三类内存访问指令，它们被用于不同形式的内存数据传输：

- 矢量加载 / 存储指令。
- 矢量离散 - 聚合加载 / 存储指令。
- 矢量交织 / 解交织加载 / 存储指令。

这些指令中的每一种都使用相同的地址空间和内存映射，访问单个连续的内存块并且与 CPU 数据端内存保持一致。

## 5.1 矢量加载和存储

VLDR——矢量加载。将内存中的连续元素加载到目标矢量寄存器中。加载的元素都将是内存中数值的零扩展或符号扩展。在索引模式下，目标地址是通过基地址寄存器偏移一个立即数计算得出的。否则，直接使用基地址寄存器的地址作为目标地址。基地址寄存器和立即数之和可选择性地写回基地址寄存器。预测通道会被归零，而不是保留它们以前的值。字母 B、H 和 W 用于指定字节、半字和字加载。这使得扩宽操作可以作为加载的一部分。

**语法**

```
VLDR{B|H|W}<.dt> Qd, [Rn{, #+/-<imm>}]
```

**示例**

```
VLDRB.S8      Q0, [R0, #16]     // 使用偏移16的预索引加载
VLDRB.S16     Q0, [R0]          // 加载字节并扩宽为16位矢量
VLDR.S32      Q0, [R0, #32]!    // 使用偏移32的预索引加载并写回
VLDR.U32      Q0, [R0], #8      // 加载后将R0递增8
VLDRH.S32     Q0, [R0]          // 加载半字并扩宽为32位矢量
```

VSTR——矢量存储。将连续元素从矢量寄存器存储到内存中。在索引模式下，目标地址是由基地址寄存器偏移一个立即数计算得出的。否则，直接使用基地址寄存器的地址作为目标地址。基地址寄存器和立即数之和可选择性地写回基地址寄存器。

**语法**

```
VSTR{B|H|W}<.dt> Qd, [Rn{, #+/-<imm>}]
```

VSTRB 和 VSTRH 指令变体分别表示写入一个字节和半字。因此，对于一个包含 4 个 Q31 格式数值的矢量，先对其执行右移 16 位的操作，然后执行 VSTRH.S32 指令将矢量写入内存，便完成了 Q31 格式缩窄转换为 Q15 格式的操作。预测通道不会被写入，相应的内存地址将保留其先前的值。

通过将 FPSCR、VPR 或者 P0 指定为指令的寄存器，VLDR 和 VSTR 也可以用来将 Helium 系统寄存器的值加载到内存中，或者将内存中的值存储到 Helium 系统寄存器中。

VLDM，VSTM——矢量多重加载 / 矢量多重存储。前者将内存中的数据加载到多个 FPU 寄存器中，后者将多个 FPU 寄存器的数据存储到内存中。VLDM 和 VSTM 指令严格来说不属于 Helium 的一部分，因为它们存在于 Armv8-M 指令集架构的浮点扩展模块中。但是，了解这些指令对学习使用 Helium 很有用，因为函数经常使用它们的别名 VPUSH 和 VPOP 来保存和恢复 Helium 中的寄存器。指令 VPUSH {reglist} 是指令 VSTMDB SP!,{reglist} 的别名，指令 VPOP {reglist} 是指令 VLDMIA SP!,{reglist} 的别名。

**语法**

```
VLDMDB {<c>}{<q>}{<.size>} <Rn>!, {reglist}
VLDM {<c>}{<q>}{<.size>} <Rn>{!}, {reglist}
VLDMIA {<c>}{<q>}{<.size>} <Rn>{!}, {reglist}
VSTMDB {<c>}{<q>}{<.size>} <Rn>!, {reglist}
VSTM {<c>}{<q>}{<.size>} <Rn>{!}, {reglist}
VSTMIA {<c>}{<q>}{<.size>} <Rn>{!}, {reglist}
```

VLDMDB 和 VSTMDB 总是会更新基地址寄存器（即 ! 选项是不可选的）。

## 5.2　离散 - 聚合

有时候，有必要将一组数据从地址不连续的内存中加载到矢量寄存器中（或者将矢量寄存器中的数据存储到地址不连续的内存中）。在某些架构中，这种操作可能会导致代码难以甚至不可能进行矢量化。Helium 提供了离散 - 聚合操作来帮助解决这个问题。在这种情况下，可以使用 Helium 寄存器来保存偏移数值矢量，让单个指令可以对多个不连续的地址进行访问。

VLDR——矢量聚合加载。从内存中将一个字节、半字、单字或双字的数据加载到寄存器中。加载的每个元素都将是内存中数值的零扩展或符号扩展。结果被写回目标矢量寄存器 Qd 中的相应元素。预测通道将被归零，而不是保留它们以前的值。该指令不允许在 IT 块中使用，但可以在 VPT 块中使用。

**语法**

```
VLDR{B|H|W|D}<.dt> Qd, [Rn, Qm]
```

该指令存在两个主要的变体。在第一个变体中，用于加载或存储 Qd 的每个元素的内存地址是由 Qm 中的每个元素加上存储在 Rn 中的基地址得到的。它们还能够扩展或截断正在访问的数据。我们既可以选择直接使用 Qm 中每个元素包含的偏移量，也可以根据元素大小进行缩放。请注意，VLDRD.64 指令产生一个具有两个 64 位数据结果的矢量并采用 64 位基地址。

偏移量大小与所加载元素的大小相匹配。

图 5-1 显示了聚合加载指令 VLDRW 的执行结果。标量寄存器 Rn 中保存基地址（图 5-1 所示的基地址为 0x2000）。矢量寄存器 Qm 中保存 4 个偏移值。聚合加载操作将 4 个单字加载到目标矢量寄存器 Qd 中。这些加载操作的 4 个地址是根据矢量寄存器 Qm 中 4 个偏移值与标量寄存器 Rn 中的基地址相加计算得出的。

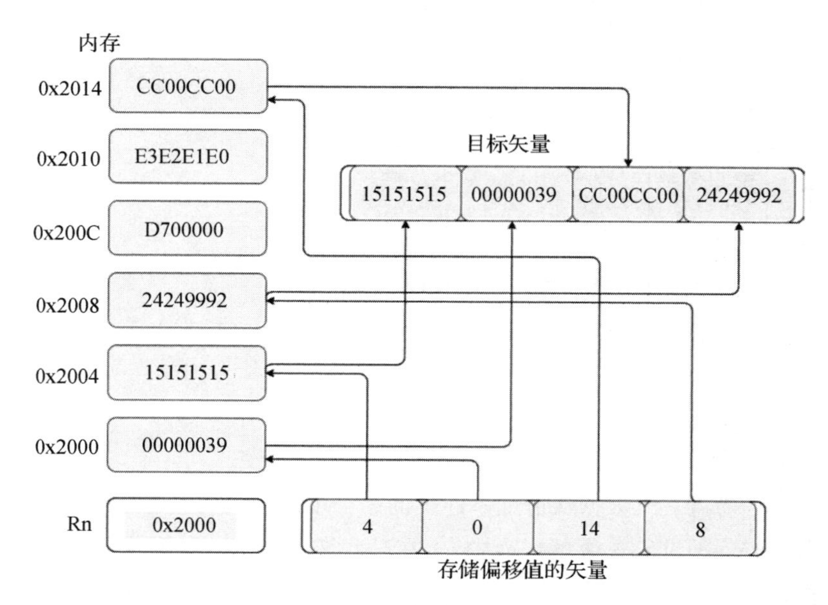


图 5-1 聚合加载

聚合加载（load-gather）/ 离散存储（store-scatter）指令的另一种变体对于代码的矢量化很有用。该变体不使用存储在通用寄存器中的基地址，而是将矢量寄存器 Qm 的每个元素作为地址与一个可选的立即数偏移量相加，将结果作为内存目标地址来执行加载操作。不论预测结果如何，可以选择性地写回 Qm 的元素。写回的数值是元素的原始数值加上立即数，或者加上立即数按元素的尺寸缩放后的数值。

**语法**

```
VLDR{B|H|W|D}<.dt> Qd, [Qm{, #+/-<imm>}]
```

VSTR——矢量离散存储。该指令将来自矢量寄存器 Qd 各元素的数据存储到内存的字节、半字、字或双字中。写入的地址可以是基地址寄存器 Rn 中的地址加上 Qm 的每个元素中包含的偏移量（根据元素尺寸进行移位是可选的），也可以是 Qm 中的每个元素加上立即数偏移量。不论预测结果如何，都可以选择性地写回 Qm 的元素。写回的数值是元素的原始数值加上立即数，或者加上立即数按元素的尺寸缩放后的数值（这对于指针处理很有用）。

**语法**

```
VSTR{B|H|W|D}<.dt> Qd, [Rn, Qm]
VSTR{B|H|W|D}<.dt> Qd, [Qm{, #+/-<imm>}]
```

离散 – 聚合操作是一种强大且灵活的指令。在第 9 章中，我们将在 FFT 代码实现中更详细地研究它的作用。该算法要求开始阶段或最后阶段的内存访问使用位反转后的地址来执行。在某些 CPU 上，这意味着需要编写代码来费力地反转数据的顺序。Helium 有一个专用的位反转指令（VBRSR），它可以产生一个位反转后的地址，然后这个地址可以被用于离散 – 聚合指令。离散 – 聚合指令在处理稀疏矩阵（大多数元素为 0 的数据结构）时也非常有用。

需要注意的是，连续矢量访问将比离散 – 聚合操作快得多。例如，聚合加载操作必须对每个不同的元素执行单独的访问。因此，32 位位宽数据的聚合加载可能会导致 4 次内存访问，而 8 位位宽数据的加载则需要进行 16 次单独访问。

离散 – 聚合操作中的偏移量用无符号数表示。但是，某些支持 32 位偏移量的变体可以利用 Armv8-M 架构中地址在 32 位边界处回绕的特性来生成负偏移量。偏移量大小受矢量类型对应的范围限制。这意味着对于 .S8 类型，偏移量的范围仅为 0～255，这将对指令的使用产生限制（比如，在处理字节数据的大数组时，数组的索引可能会超过 255）。解决这个问题的一种方法是使用扩宽 / 缩窄变体。例如，VLDRB.S16 将加载元素大小为单个字节的矢量，但偏移范围为 64K（16 位）。同样，VSTRD.64 写入 64 位数据值，同时要求 64 位的基地址和偏移量。

## 循环缓冲区

循环缓冲区是几乎所有可编程 DSP 上都会提供的一个通用硬件特性。本小节将介绍什么是循环缓冲区，为什么传统的 DSP 会支持并使用这一特性；之后会介绍它在不具备 Helium 特性的 Cortex-M 的 CPU 上是如何实现的；最后，将解释如何通过 Helium 灵活实现高效的循环缓冲区。

循环缓冲区是一种内存结构，它保存一组由读指针访问的数据值。该指针将遍历缓冲区中的连续值。与普通的内存缓冲区不同，当读指针到达缓冲区末尾时，它会自动绕回缓冲区的开始位置。

循环缓冲区既可以被应用在如有限脉冲响应（Finite Impulse Response，FIR）滤波器之类的功能组件中（在这类功能组件中需要对最近的 $N$ 个数据值进行操作），也可以用于进程间通信，其中读取和写入操作可能是交织进行的。

图 5-2 展示了循环缓冲区的基本概念。它包含 $N$ 个数据项，如图中 Data[0]，Data[1]，…，Data[$N-1$] 所示。当添加新数据项时，新数据变为 Data[0]，旧的 Data[0] 变为 Data[1]，以此类推，最旧的数据项 Data[$N-1$] 会被丢弃。

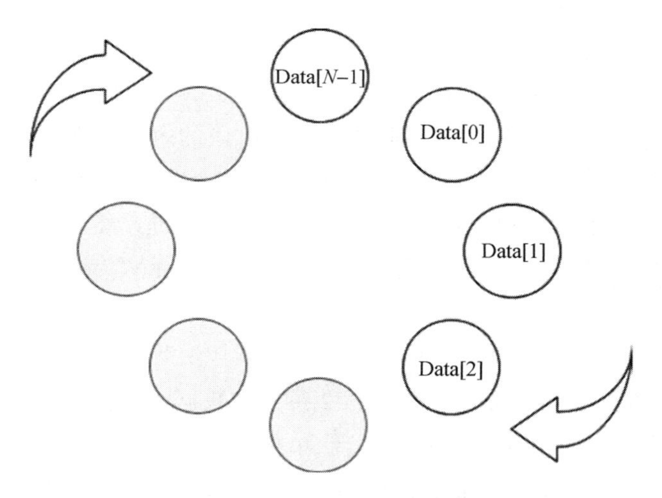


图 5-2　循环缓冲区

可编程 DSP 通常会提供一种被称为循环寻址的存储器访问方法，这保证了其对循环缓冲区的支持。如图 5-3 所示，在到达循环缓冲区配置大小之前，缓冲区内的数据可以被顺序地访问；在到达循环缓冲区配置大小之后，访问将会绕回到第一个元素。

通常，循环缓冲区必须由程序员指定参数来进行初始化，以实现期望的特征。其中有一些特殊寄存器用来保存缓冲区在内存中的起始位置、缓冲区长度（或结束位置）以及所存储数据项的大小（如一个、两个或四个字节）。在某些情况下，可能会有复杂的硬件设计使得在指针每次增加时都查看指针的数值，如果自增后导致指针所指地址超过缓冲区的结束地址，则指针会跳回缓冲区起始地址以实现循环特性。这可能意味着此类缓冲区的数量是有限的（同时如果在中断发生时必须保存这些特殊寄存器的状态，则可能会对中断的时延产生很大影响）。为此，一些 DSP 对循环缓冲区设定了一些限制。例如，起始地址可能有一定的对齐要求，长度可能需要是 2 的幂次方——8、16、32、64 等。这就允许使用更简单的硬件设计，可以简单地通过位掩码屏蔽指针中的特定位来获得循环缓冲区。然而这样的缓冲区也有缺点，即通过高级代码对其进行访问很困难。

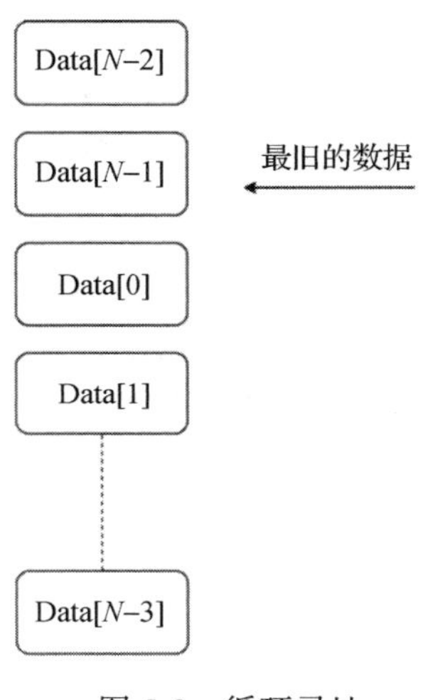


图 5-3 循环寻址

几乎所有的 DSP 算法都是通过循环实现的。例如，在滤波器中会有一组存储在内存中的系数，使用指针指向当前正在操作的系数数值，并在循环中对所有系数进行迭代。在循环结束时，系数指针需要更新以重新指向缓冲区起始位置。如果使用循环缓冲区，则不再需要此步骤，从而可以节省时间。

循环缓冲区应用的一个常见例子是算法仅使用缓冲区最后输入的 $N$ 个值的情况。这在 DSP 应用中很常见。例如，有限脉冲响应滤波器可能需要访问最近的 $N$ 个输入值才能计算输出。滤波器会将每个输入值乘以相应的滤波器系数，而每当有新的数据到达时，如果使用普通的缓冲区，则需要丢弃最旧的数据并将其余 $N-1$ 个旧数据在缓冲区中上移一位。则如果使用循环缓冲区，则只需将缓冲区中最旧的值替换为最新的值并将指针向前移动一个地址，便可实现同样的功能。这样只需执行一次写入操作，用新数据替换最旧的输入值，而不是花费精力将每个数据样本复制到新的正确的位置。

尽管可以在不具备 Helium 特性的 Cortex-M 处理器上实现循环缓冲区，但此时内存还是平整连续的线性地址空间。如果不使用循环缓冲区，DSP 代码通常会使用 FIFO 模式，每次操作会将 FIFO 数据中的每一组数据块移动一位，这比每次都在内部循环中移动单个数据更有效率，但效率还是低于使用硬件实现的循环缓冲区的效率。

Helium 提供了一种解决方案，它允许使用具有非常灵活可配置的大小及地址空间的缓冲区，并且无须使用复杂的额外硬件。

Helium 使用循环缓冲区生成指令 VIWDUP 来生成缓冲区。这条指令会创建一个包含一系列递增的偏移数值的矢量，当偏移数值到达结束位置时将绕回。

示例指令如下所示：

```
VIWDUP.U32 Q0, R0, R1, #2
```

该指令将向矢量寄存器 Q0 中加载一串 U32（32 位整数）数值，加载数据的序列从 R0 给定的地址开始，当递增到 R1 给定的数值时，将会绕回来。指令执行完成时，会用新的起始偏移数值更新 R0。指令中的立即数指定偏移量的增量大小，例如，示例中的 #2 表示偏移数值每次都会增加 2。该偏移增量（或减量）值可以是 1、2、4 或 8。这意味着 Helium 可以支持没有数量、大小或方向限制的循环缓冲区。

图 5-4 显示了 VIWDUP 指令的执行过程，其中 R1 为 16（即偏移数值达到 16 时回绕）R0 为 12。指令执行后矢量寄存器 Q0 的第一个数据值（位于 Q0 的底部）为来自 R0 的 12。该指令指定偏移增量为 2，因此下一个数值为 14，再下一个数值为 16，达到了 R1 的初始值（即指令定义的回绕点），因此第三个值变为 0，Q0 中存储的末值为 2。最后，R0 更新为下一个起始点，在本例中为 4。

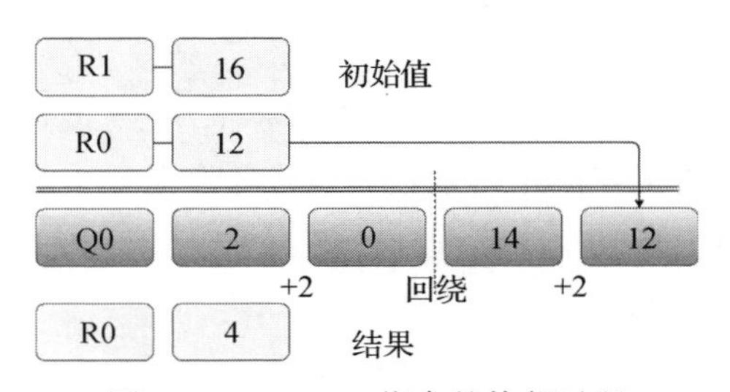


图 5-4　VIWDUP 指令的执行过程

通常，这条生成偏移矢量的指令后面会紧跟着一个以离散 - 聚合的方式加载数据的操作（回想一下，Helium 中的聚合加载操作允许从一组由基地址和存储在矢量寄存器的偏移地址确定的不连续的内存地址中将数据元素加载到另一个矢量寄存器中）。这意味着该偏移地址矢量寄存器（在示例中为 Q0）可供其他指令重用。另外需要注意，ANSI C 语言默认不支持循环缓冲区或者循环寻址，因为没有对应的结构体来描述它们。这也意味着即使存在必要的硬件支持，大多数 C 编译器也无法生成相应的代码来使用它们。通常，需要依靠原语函数或库函数来使用此功能。

同时，因为 VIWDUP 指令知道内存访问将在哪里回绕，所以硬件实现可以利用上述信息将对一串数据的访问优化为对一个或两个连续地址的访问，而不是对一串地址的离散 -

聚合访问，从而实现了性能提升。当然，如果在 VIWDUP 指令和随后的加载操作之间发生了中断，上述信息会丢失，性能提升无法实现，但加载操作仍能被正确执行。

## 5.3　交织和解交织加载 / 存储

Helium 中还有一组专用的矢量（解）交织加载 / 存储指令。可以使用指令 VLD2 或 VLD4 和 VST2 或 VST4 以 2 或者 4 为步长对数据流进行交织和解交织处理。

VLD2x，VLD4x——矢量（解）交织加载指令，步长分别为 2 和 4。这两组指令从内存中加载两个 64 位的连续数据块，并将它们写入两个或四个目标矢量寄存器的部分元素中。写入目标矢量寄存器的元素的位置以及数据在内存中的地址相对基地址寄存器的偏移量由 pat 参数（即 VLD20、VLD21、VLD40、VLD41、VLD42、VLD43）确定。如果指令使用相同的基地址和目标矢量寄存器执行两次（或四次），但使用不同的 pat 值，则其效果是从内存中加载数据，并对加载的数据进行步长为 2 或 4 的解交织操作，最后将结果写入指定的矢量寄存器中。在指令结束时，基地址寄存器可以选择增加 32 或 64。例如，立体声音频数据由交织的左右声道数据组成，VLD2 和 VST2 指令可用于对这些数据进行交织和解交织处理。

**语法**

```
VLD2<pat><.size> {Qd, Qd+1}, [Rn]
VLD2<pat><.size> {Qd, Qd+1}, [Rn]!  // 写回Rn
VLD4<pat><.size> {Qd, Qd+1, Qd+2, Qd+3}, [Rn]
VLD4<pat><.size> {Qd, Qd+1, Qd+2, Qd+3}, [Rn]!
```

**示例**

```
VLD20.32 Q0, Q1, [R5]
VLD21.32 Q0, Q1, [R5]   // 通常以VLD20、VLD21成对的形式执行
```

VST2x，VST4x——矢量（解）交织存储指令，步长分别为 2 和 4。这两组指令将以两个或四个矢量寄存器中的多个元素作为数据源，从中收集两个 64 位的连续数据块，然后将其写入内存中。源矢量寄存器中源数据的位置以及待写入的目标地址相对基地址寄存器的偏移量由 pat 参数（VST20、VST21、VST40 等）确定。如果指令使用相同的基地址和源矢量寄存器执行两次（或四次），但使用不同的 pat 值，则其效果是以 2 或 4 的步长对指定的矢量寄存器数据进行交织操作，并将结果保存到内存中。同样，在指令结束时，基地址寄存器可以选择增加 32 或 64。

**语法**

```
VST2<pat><.size> {Qd, Qd+1}, [Rn]
VST2<pat><.size> {Qd, Qd+1}, [Rn]!  // 写回Rn
VST4<pat><.size> {Qd, Qd+1, Qd+2, Qd+3}, [Rn]
VST4<pat><.size> {Qd, Qd+1, Qd+2, Qd+3}, [Rn]!
```

花一些时间了解这些指令的目的以及它们的工作原理是值得的。DSP 算法通常需要以一种格式获取输入数据并将其转换为另一种格式，然后才能对其进行有效处理。通常，其输出数据也需要遵循类似的流程。例如，图像数据可能会以红色、绿色、蓝色（有时还有透明度值）像素数据交织存储的方式保存在内存中。算法可能需要将红色像素数据放在一个矢量中，将绿色像素数据放在另一个矢量中，以此类推。同样，处理完这些数据后，需要以与原始数据相同的格式将其写回内存中，如图 5-5 所示。其中，矢量寄存器 `Q3` 保存了一组像素的透明度值，`Q2`～`Q0` 保存像素的 RGB 数据。使用 `VST4` 指令，我们可以以交织的方式将这些数据写入内存中（见图 5-5 底部）。

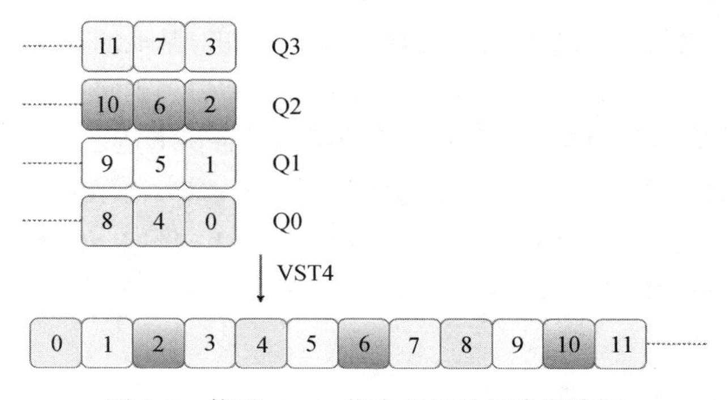


图 5-5　使用 `VST4` 指令交织处理像素数据

`VST4` 系列指令允许对四个 128 位的矢量寄存器进行交织处理，总共存储 512 位数据。但是，请记住，Helium 架构的关键特性之一是可以按矢令块执行指令，允许 CPU 执行内存相关指令和 ALU 或乘法器指令时发生重叠。这迫使每条指令必须采用 128 位的数据执行。因此，这种四路交织操作是通过四个单独的指令完成的，它们分别是 `VST40`、`VST41`、`VST42` 和 `VST43`。

仍然以图像数据处理为例，对于交织和解交织操作，一个显而易见的实现方式是，用一条指令读取（或写入）每个像素的红色数据，用另一条指令处理绿色数据，以此类推，处理所有像素数据。但是，像素数据通常是按字节大小对齐的，这就导致产生一系列低效的非连续的内存访问，从而使这些指令的执行速度相对较慢。与此相反的是，在 Helium 中，这些指令可以利用 CPU 中现有的一些硬件特性，实现从矢量寄存器组中指定的行和列读取字节，并交换和反转这些字节的顺序。换言之，连接到 CPU 内存端口的硬件不仅能够读取矢量寄存器中的完整字节序列，还可以从不同寄存器的相同位置读取 8 位、16 位和 32 位的数据。这种特性使得 Helium 能够提供高效的交织加载和解交织存储内存访问，通常这些访问也都是以一对 64 位连续数据的形式进行的。用于这些访问的寄存器位置遵循“扭曲”模式。

图 5-6 展示了一对 `VST2n.S32` 指令的执行过程，它从 `Q0` 和 `Q1` 矢量寄存器中读取 32

位（.S32）数值，并以步长 2 进行解交织处理（例如，分为左声道和右声道）。

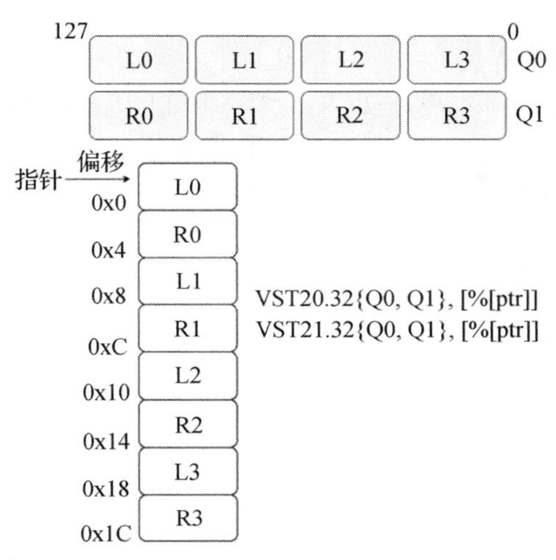


图 5-6　一对 VST2 指令对数据进行交织处理并将结果存入内存中

图 5-7 以另一种方式显示了 VST 指令的执行过程。图中有一组 VST4x.S32 指令。这 4 条指令将 4 个 128 位（总共 64 字节）的数据写入内存中。该图显示了寄存器 Q0～Q3 中的 .S32 元素是如何被写入不同的内存偏移地址的。就这样，矢量寄存器 Q3 的前 4 个字节被写入偏移地址 [63:60] 处，接下来的 4 个字节被写入地址 [47:44]，以此类推。不同的灰度代表不同的指令。例如，VST41 将分别读取矢量寄存器 Q3 和 Q2 的底部数据并将它们写入内存偏移地址 [15:12] 和 [11:8] 处，还将读取矢量寄存器 Q1 和 Q0 的顶部数据并将它们写入内存偏移地址 [55:52] 和 [51:48] 处。

这样做的结果是，在任何情况下，单独使用某一条交织指令都是没有意义的。例如，我们总是将 VLD20 和 VLD21 一起使用，而不是仅仅使用其中之一。你可能以为单独一条交织指令可以用来提取偶数元素，另一条用来提取奇数元素，但事实并非如此。

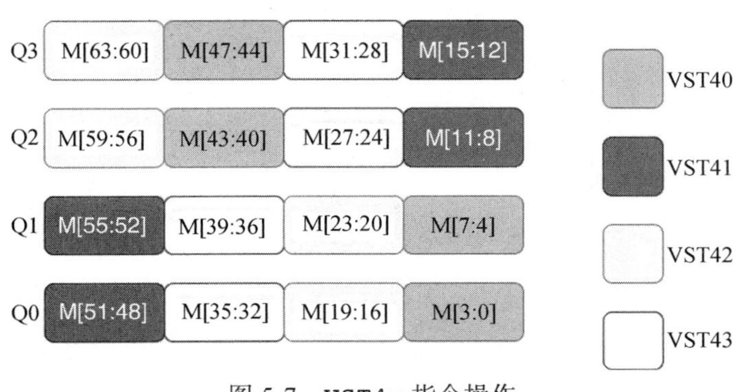


图 5-7　VST4x 指令操作

## 5.4 问题

1. VSTRB.32 指令会缩窄或扩宽数据位宽吗？
2. 如果在指令 VLDR.S32 Q0, [R0, #0x40]! 执行前通用寄存器 R0 中的数据为 0x1000，那么指令执行完成后 R0 中的数据是什么？
3. 离散 - 聚合加载与标准的 VLDR 有什么区别？

# 第6章
# Helium 分支、标量和其他指令

本章将研究非矢量指令，包括低开销分支扩展和一些新的标量指令以及指令集的其他一些更改。

## 6.1 低开销分支扩展

在 3.3 节中对低开销分支扩展进行了详细研究，在本节中，将总结它的各种指令并研究指令的语法。

**WLS，DLS，WLSTP，DLSTP**——While 循环开始，Do 循环开始，带尾部预测的 While 循环开始，带尾部预测的 Do 循环开始。这些指令建立了循环的一部分。两个基本指令（WLS 和 DLS）将 LR 设置为要执行的循环迭代次数。对于 Do 循环类型（DLS/DLSTP），总会有至少一次迭代。当使用 WLS 或 WLSTP 时，如果所需的迭代次数为零，那么这些指令将引起一个跳转到指定标签的分支，并且不会执行循环体。每个循环开始指令通常与相应的 LE 或 LETP 指令匹配使用。

该指令的 TP 变体将 LR 赋值为需要处理的矢量元素的数量。如果需要处理的元素数量不是矢量长度的整数倍，则在最后一次循环迭代时，尾部预测特性会对适当数量的矢量元素进行尾部处理。

**语法**

```
WLS LR, Rn, <label>
DLS LR, Rn, <label>
WLSTP<.size> LR, Rn, <label>
DLSTP<.size> LR, Rn
```

**LE,LETP**——循环结束，带尾预测的循环结束。如果需要循环的进一步迭代，该指令会引起一个返回到 <label> 的分支。它还将循环信息存储在循环信息缓存中，以便循环的后续迭代在遇到 LE 指令之前分支跳转回到起点。LE 指令的一种变体会检查循环迭代计数器（存储在 LR 中）以检查是否需要额外的迭代，并将 LR 中的迭代计数器递减，为下一次迭代做准备。另一种变体不使用迭代计数，而是永远去触发下一次的循环迭代。

LETP 指令检查循环迭代计数器以确定是否需要额外的迭代。但是，计数器会根据矢量中的元素数量递减。换句话说，LR 保存要操作的元素的数量，而不是循环迭代的数量。矢量中的元素数量取自 FPSCR.LTPSIZE 域。

**语法**

```
LE    LR, <label>
LE    <label> // 不对循环计数器进行检查和自减
LETP LR, <label>
```

LCTP——带有尾部预测的循环清除。该指令退出循环模式并清除正在应用的任何尾部预测。

**语法**

```
LCTP<c>
```

接下来将展示一个带尾部预测的 Do 循环的示例。示例中 DLSTP 指令用于设置循环开始，而 LETP 指令则用于标志循环结束。基于某种原因，如果总和等于 126，则程序需要提前退出循环，使用 CMP 和 BEQ 指令来实现该要求。程序的最后仍然需要使用 LCTP 指令来确保尾部预测不应用于后续操作。如果不这样做，尾部预测可能意味着接下来的矢量指令并不会对所有通道都进行更新。

```
        MOV             R1, #10
        DLSTP.8         LR, R1          // 带尾部预测的循环开始
1:
        VLDR            Q0, [R3], #64
        VADDVA.S8       R0, Q0          // r0 = r0 + q0[0…7]
        CMP             R0, #126
        ITT             EQ
        MOVEQ           LR, #0          // 清除循环元素计数
        BEQ             #2f             // 跳出循环
        LETP            LR, #1b         // 带尾部预测的循环结束
2:
        LCTP
```

## 分支预测指令

本节介绍分支预测指令，它们是 Armv8.1-M 架构的组成部分，但是可能会被具体的 CPU 的实现当作 NOP（无操作）指令处理。现阶段，Arm Compiler 6 无法编译生成这类指令，并且 Cortex-M55 也将其视为 NOP 占用一个时钟周期执行。综上，本节仅仅出于完备性的目的对它们进行介绍。

许多可编程 DSP（和一些较旧的 RISC CPU）都有一个“分支延迟”特性。本质上，这

意味着获取跳转指令之后的指令不会被清除，相反，它们会被执行。这对于节省一定的时钟周期很有用，否则这些时钟周期会因为分支预测错误处罚而被浪费。

Armv8.1-M 提供了允许编译器指定跳转延迟长度的指令，它可以有效地用于特定的跳转。实际上，这提供了一个可变长度的跳转延迟，而不是取决于微架构或者流水线长度。这类指令有利于优化在 DSP 上发现的跳转延迟，没有任何复杂性，也不需要额外的硬件。

BF，BFX，BFL，BFLX——分支预测跳转，分支预测跳转和模式转换，带返回地址的分支预测跳转，带返回地址的分支预测跳转和模式转换。这些指令会提示处理器即将执行一个到 <label> 处的跳转指令，之后这一位于 <label> 处的跳转指令将被执行而不会预取和执行 <b_label> 处的指令，这就减少了与跳转指令执行相关的任何性能损失。处理器允许将此指令视为 NOP 指令，因此 <b_label> 处的跳转指令必须仍然存在。对于分支预测的变体指令 BFL，当执行跳转指令时 LR 会被更新，写入 LR 的值为跳转指令地址偏移 4 字节后的地址，对应于 <b_label> 处的 BL 指令的下一条指令所在地址。对于 BFLX 指令，写入 LR 的值需要偏移两个字节，即为 <b_label> 处 BLX 指令的长度。

**语法**

```
BF<c> <b_label>, <label>        // 相对PC的跳转
BFX<c> <b_label>, Rn            // 跳转地址存储在寄存器Rn中
BFL<c> <b_label>, <label>
BFLX<c> <b_label>, Rn
```

**示例**

```
BFL <1>, Function1
[code which does something]
[...]
1:    BLFunction1
```

BFCSEL——条件选择分支预测。如果指令条件验证通过，该指令将创建一个到 <label> 处的跳转预测。如果指令条件验证失败，指令不会被作为 NOP 处理。验证条件失败时，如果在本次循环和跳转缓存中没有其他有效的跳转预测，则该指令创建一个跳转到 <ba-label> 处的跳转预测。

**语法**

```
BFCSEL <b_label>, <label>, <ba_label>, <cond>
```

**示例**

```
start:
            [code which does something]
            [...]
      CMP     R2, R1
            BFCSEL switch, start, end, EQ
```

```
        [more code]
switch:
        BEQ   start
end:
```

在以上示例中，BFCSEL 指令表示在 <switch> 处有条件跳转。如果条件 EQ 为真，它建立一个指向 <start> 的跳转预测，否则建立一个指向 <end> 的跳转预测。值得注意的是，在 <switch> 位置将仍有一个 BEQ 指令。

## 6.2 Armv8.1-M 标量指令

Armv8.1-M 架构引入了一组新的标量指令。这些指令尽管并不属于 Helium 矢量扩展，但在 DSP 和机器学习算法中很有用处，因此在这里对它们进行简单的介绍。这些标量指令主要包括一组条件执行指令和一组新的 64 位移位操作指令，以及少量的其他指令。此外，其中的一些指令允许使用零寄存器（Zero Register，ZR）作为标量源操作数。

### 6.2.1 条件执行

Armv8.1-M 中引入了一系列条件执行指令。像大多数矢量指令一样，这些指令都不能在 IT 块中使用。

CSEL——条件选择指令（Conditional Select）。如果条件判断为 TRUE，则将第一个源寄存器中的值赋值到目标寄存器中，否则将第二个源寄存器的值赋值到目标寄存器中。

**语法**

```
CSEL Rd, Rn, Rm, <condition code>
```

**示例**

```
CMP R0, #8
CSEL R0, R1, R2, LT
```

如以上示例所示，如果在 CSEL 之前的比较（即 R0 与 8 进行比较）结果为“小于”，就进行赋值操作 R0=R1，否则进行赋值操作 R0=R2。这组指令的操作相当于 C 语言中的三元操作符运算 R0=(R0<8)?R1:R2。

CSINC——条件选择自增指令。如果条件判断为 TRUE，则将第一个源寄存器中的值赋值到目标寄存器中，否则将第二个源寄存器的值自增 1 并赋值到目标寄存器中。

**语法**

```
CSINC Rd, Rn, Rm, <condition code>
```

**示例**

```
MOV       R0, #100
MOV       R1, #10
MOV       R2, #50
CMP       R0, #100
CSINC       R3, R2, R1, NE // 如果条件为NE，则R3=R2；否则R3=R1+1
                        // 因此R3=11
CSINC       R4, R2, R1, EQ // 如果条件为EQ，则R4=R2；否则R4=R1+1
                        // 因此R4=50
```

接下来介绍的两个汇编指令都是 CSINC 指令的别名。

CSET——条件置位指令。如果条件判断为 TRUE，则将目标寄存器设置为 1，否则将其设置为 0。这是 CSINC 指令的别名，相当于 CSINC Rd，Zr，Zr，(inverted condition code)。

**语法**

```
CSET Rd, <condition code>
```

**示例**

```
CMP R0, #100
CSET R0, GT
```

如以上示例所示，如果 R0 大于或等于 100，则 CSET 指令会将寄存器 R0 置为 1，否则会将寄存器 R0 置位为 0。在 C 语言中，上述操作等价于表达式 R0 = (R0>100)。

CINC——条件自增指令。如果条件判断为 TRUE，则将源寄存器中的值自增 1 并赋值到目标寄存器中，否则直接将源寄存器的值赋值到目标寄存器中。因此，指令 CINC Rd, Rn, cond 等效于指令 CSINC Rd, Rn, Rn, inverted (condition code)。

**语法**

```
CINC Rd, Rn, <condition code>
```

**示例**

```
MOV   R0, #0x55
CMP   R0, R1
CINC  R2, R0, NE // 如果R2 = R0 + 1为真，则R2=0x56
CINC  R3, R0, EQ // 如果R3 = R0为假，则R3=0x55
```

CSINV——条件选择反转指令。如果条件判断为 TRUE，则将第一个源寄存器中的值赋值到目标寄存器中，否则将第二个源寄存器的值进行位反转操作并赋值到目标寄存器中。

**语法**

```
CSINV Rd, Rn, Rm, <condition code>
```

**示例**

```
MOV         R0, #100
MOV         R1, #10
MOV         R2, #50
CMP         R0, #100
CSINV       R3, R2, R1, NE // 如果条件为NE,则R3=R2; 否则R3=~R1
                           // 所以R3 = 0xFFFFFFEF
CSINV       R4, R2, R1, EQ // 如果条件为EQ, 则R4=R2; 否则R4=~R1
                           // 所以R4 = 50
```

接下来介绍的两个汇编指令都是 CSINV 指令的别名。

CSETM——条件设置掩码指令。如果条件判断为 TRUE，则将目标寄存器的所有位设置为 1，否则将目标寄存器的所有位设置为 0。该指令为 CSINV 指令的别名，等效于 CSINV Rd、Zr、Zr（inverted condition code）。

**语法**

```
CSETM Rd, <condition code>
```

**示例**

```
MOV         R0, #0xAA
MOV         R1, #0x55
CMP         R0, R1
CSETM       R2, NE // R2 = 0XFFFFFFFF , 因为条件为真
CSETM       R3, EQ // R3 = 0 , 因为条件EQ为假
```

CINV——条件反转指令。如果条件判断为 TRUE，则将源寄存器中的值进行按位反转操作并赋值到目标寄存器中，否则直接将源寄存器中的值赋值到目标寄存器中。因此，指令 CINV Rd, Rn, cond 为指令 CSINV Rd, Rn, Rn, inverted (condition code) 的别名。

**语法**

```
CINV Rd, Rn, <condition code>
```

**示例**

```
MOV   R0, #0x100
MOV   R1, #0xAA
CMP   R0, R1
CINV  R2, R0, NE // 如果R2 = ~R0为真, 则R2=0xFFFFFEFF
CINV  R3, R0, EQ // 如果R3 = R0为假, 则R3=0x100
```

CSNEG——条件选择取负指令。如果条件判断为 TRUE，则将第一个源寄存器的值赋值到目标寄存器中，否则将第二个源寄存器的值取负并赋值到目标寄存器中。

**语法**

```
CSNEG Rd, Rn, Rm, <condition code>
```

指令 CNEG 是指令 CSNEG 的别名。

CNEG——条件取负指令。如果条件判断为 TRUE，则将源寄存器的值取负赋值到目标寄存器中，否则直接将源寄存器的值赋值到目标寄存器中。CNEG 指令等同于 Rn 等于 Rm 条件下的 CSNEG 指令。

**语法**

```
CNEG Rd, Rn, <condition code>
```

**示例**

```
MOV   R0, #100
MOV   R1, #99
CMP   R0, R1
CNEG  R2, R0, NE // 如果R2 = -R0为真，则R2=-100
CNEG  R3, R0, EQ // 如果R3 = R0为真，则R3=100
```

## 6.2.2　通用寄存器移位

ASRL——算术长右移指令。对存储在两个通用寄存器中的 64 位数值进行算术右移操作。右移的数量在 1～32 位之间，可以由立即数指定，也可以由通用寄存器的最低字节的数值来指定。在使用通用寄存器的指令变体中，如果移位数量为负值，则移位操作将会变成左移。

**语法**

```
ASRL<cond> RdaLo, RdaHi, #Imm
ASRL<cond> RdaLo, RdaHi, Rm
```

**示例**

```
MOVW R0, #0
MOVT R0, #0x5000    // R0 = 0x50000000
MOV  R1, R0         // R1 = 0x50000000
MOV  R2, #-1        // 负偏移量
ASRL R0, R1, R2     // R0, R1 = 0xA0000000, 0xA0000000
```

LSRL——逻辑长右移指令。对存储在两个通用寄存器中的 64 位数值进行最高位补零的逻辑右移操作。右移的位数在 1～32 位之间，由指令中的立即数数值来指定。

**语法**

```
LSRL<cond> RdaLo, RdaHi, #Imm
```

**示例**

```
MOVW  R0, #0x4000
MOVT  R0, #0x4000 // R0 = 0x40004000
MOV   R1, R0
LSRL  R0, R1, #1  // R0:R1 = R0:R1 >> 1
                  // R0:R1 = 0x20002000:0x20002000
```

LSLL——逻辑长左移指令。对存储在两个通用寄存器中的 64 位数值进行逻辑左移操作。右移的数量在 1～32 位之间，可以由立即数指定，也可以由通用寄存器的最低字节的数值来指定。如果移位数量为负值，则移位方向相反，变成右移。

**语法**

```
LSLL<cond> RdaLo, RdaHi, #Imm
LSLL<cond> RdaLo, RdaHi, Rm
```

**示例**

```
MOVW  R0, #0x4000
MOVT  R0, #0x4000 // R0 = 0x40004000
MOV   R1, R0
MOV   R3, #-3     // 左偏移量为 -3 (右)
LSLL  R0, R1, R4  // R0:R1 = R0:R1 >> 3
                  // R0:R1 = 0x08000800:0x08000800
```

由于逻辑左移和算术左移是相同的，因此不需要单独的算术左移指令。此外，对于移位数量由通用寄存器指定的 ASRL 指令，可以根据移位数量的符号来决定向左还是向右进行移位操作，因此只需要移位数量由立即数指定的 ASRL[㊀]指令。

此外，部分移位指令还带有无符号或有符号饱和操作及舍入操作。这些指令的变体有些可以作用于单个 32 位寄存器，有些可以作用于成对的寄存器（如上文所述）。这些后续指令的每个示例中，有符号指令（以 S 开头）和无符号指令（以 U 开头）将会成对展示。一些指令允许使用指令中编码的立即数来指定移位数量，另一些指令允许使用通用寄存器中最低字节的值来指定移位数量。接下来将先介绍右移指令，再介绍左移指令。

SRSHR,URSHR——有符号 / 无符号舍入右移指令。对存储在通用寄存器中的 32 位数值进行有符号或无符号的舍入右移操作，移位数量在 1～32 位之间。

**语法**

```
SRSHR Rda, #Imm
URSHR Rda, #Imm
```

㊀ 此处应该是强调只需要 ASRL，而不是 LSRL。——译者注

**示例**

```
MOVW        R2, #0X8888
MOVT        R2, #0X0088         // R2 = 0X00888888
URSHR       R2, #4              // R2 = 0X00088889
```

在该示例中，指令执行了右移 4 位操作。因为指令执行的是舍入移位，实际上，在进行移位操作之前，被移位的数值上需要加上一个 1<<3（1 左移 3 位）的数值。这样的操作实现了结果向上一位的舍入。

`SRSHRL,URSHRL`——有符号 / 无符号舍入长右移指令。对存储在两个通用寄存器中的 64 位数值进行有符号或无符号的舍入右移操作，移位数量在 1～32 位之间。

**语法**

```
SRSHRL RdaLo, RdaHi, #Imm
URSHRL RdaLo, RdaHi, #Imm
```

`SQRSHR`——有符号饱和舍入右移指令。对存储在通用寄存器中的 32 位数值进行有符号饱和舍入右移操作。移位数量在 1～32 位之间，由 `Rm` 寄存器的最低字节的数值来指定。如果移位的位数为负值，则移位方向取反。这意味着没有与该指令相应的 `SQRSHL` 指令存在。

**语法**

```
SQRSHR Rda, Rm
```

`SQRSHRL`——有符号饱和舍入长右移位指令。对存储在两个通用寄存器中的 64 位数值进行有符号饱和舍入右移操作。移位数量在 1～64 位之间，由 `Rm` 寄存器的最低字节的数值来指定。如果移位的位数为负值，则移位方向相反。这意味着没有与该指令对应的 `SQRSHLL` 指令存在。

**语法**

```
SQRSHRL RdaLo, RdaHi, Rm
```

`SQSHL,UQSHL`——有符号 / 无符号饱和左移指令。对存储在通用寄存器中的 32 位数值进行有符号或无符号饱和左移操作，移位数量在 1～32 位之间。

**语法**

```
SQSHL Rda, #Imm
UQSHL Rda, #Imm
```

**示例**

```
MOVW        R2, #0X4567
MOVT        R2, #0X0123         // R2 = 0x01234567
```

```
SQSHL       R2, #2           // R2 = SSAT32(R2 << 2)
                             // R2 = 0x48D159C

MOVW        R2, #0X3210
MOVT        R2, #0X7654      // R2 = 0x76543210
SQSHL       R2, #2           // R2 = SSAT32(R2 << 2)
                             // R2 = 0x7FFFFFFF
                             // （饱和的）
```

SQSHLL,UQSHLL——有符号 / 无符号饱和长左移指令。对存储在两个通用寄存器中的 64 位数值进行有符号或无符号饱和左移操作，移位数量在 1～32 位之间。

**语法**

```
SQSHLL RdaLo, RdaHi, #Imm
UQSHLL RdaLo, RdaHi, #Imm
```

UQRSHL——无符号饱和舍入左移指令。对存储在通用寄存器中的 32 位数值进行无符号饱和舍入左移操作。移位数量在 0～32 位之间，由 Rm 寄存器的最低字节的数值来指定。如果移位数量为负值，则移位方向相反。这意味着没有与该指令相应的 UQRSHR 指令存在。

**语法**

```
UQRSHL Rda, Rm
```

UQRSHLL——无符号饱和舍入长左移指令。对存储在两个通用寄存器中的 64 位数值进行有符号饱和舍入左移操作。移位数量在 0～64 位之间，由 Rm 寄存器的最低字节的数值来指定。 如果移位的位数为负值，则移位方向相反。这意味着没有与该指令相应的 UQRSHRL 指令存在。

**语法**

```
UQRSHLL RdaLo, RdaHi, Rm
```

## 6.3 其他指令

Armv8.1-M 对指令集进行了一些其他添加和更改。

CLRM——清除数个寄存器指令。该指令将列表中给出的寄存器的数值设置为 0。有效的寄存器包括 APSR、LR/R14 和 R0～R12。

**语法**

```
CLRM<c> <Register List>
```

**示例**

```
CLRM {R0, R1, R3}
```

上述指令会将值 0 写入寄存器 R0、R1 和 R3。

VSSCLRM——浮点安全上下文清除指令。该指令只能在安全状态执行。指令对 VPR 和指定的浮点 /Helium 寄存器写入 0 值来实现上下文清除。对于 VPR，指令直接清除。对于浮点寄存器，则需要进行指定。需要清除的浮点寄存器可以通过 32 位 S 寄存器来指定，也可以通过 64 位 D 寄存器来指定。 在上述两种指定方式中，清除列表中寄存器编号必须是连续的。(因为操作码只编码了应该清除多少寄存器以及最低寄存器的序号。)

**语法**

```
VSSCLRM<c> <Register List>
```

**示例**

```
VSSCLRM {d0-d7}
```

VMRS，VMSR——进一步的变化是 VMRS（从浮点特殊寄存器赋值到通用寄存器）和 VMSR（从通用寄存器赋值到浮点特殊寄存器）指令的操作。在此之前，这些指令只能访问寄存器 FPSCR，而现在这些指令能够访问（仅在安全状态下）所有浮点特殊寄存器，允许保存和恢复非安全浮点上下文、FPSCR 和 VPR 寄存器。

**语法**

```
VMRS<c> <q> <Rt>, <special register>
```

**示例**

```
VMRS R0, VPR        // 将Helium预测寄存器中的值读入通用寄存器R0
```

## 6.4 问题

1. WLS 和 DLS 指令有什么区别？
2. 为什么我们会使用 LCTP 指令？
3. LSLL 指令是否使用 Helium 寄存器？

# 第 7 章
# Helium 编程

本章将探讨针对支持 Helium 的处理器编写代码时需要关注的一些方面，介绍 4 种不同的编程方法去利用 Helium 矢量化，包括编译器自动矢量化，使用原语函数、优化好的矢量库以及汇编代码，还包括每种方法的最佳实践。此外还有一些底层的内容，例如 Helium 相关的启动代码初始化和中断处理。

## 7.1 编译器和工具

Arm 提供了一系列软件开发工具，包括：

- Keil 微控制器开发套件（Microcontroller Development Kit，MDK）——针对 Cortex-M 工程的最流行的工具链，包括 μVision 集成开发环境。
- Arm Development Studio——针对 Arm IP 的完整开发环境，包括 Cortex-A、Cortex-R 和 Cortex-M 处理器。
- Arm Fast Model——针对软件开发早期，可以用来生成自定义虚拟平台的建模环境和处理器模型。典型的应用是在真正的硬件平台可用前，硬件开发人员用它来创建系统模型。
- Arm Fixed Virtual Platform（FVP）——针对没有物理板的软件开发，由 Arm Fast Models 构建的虚拟开发板。

在撰写本书时，还没有包含具有 Helium 技术的 CPU 的成品微控制器实现。这使得在后面的章节中很难为读者提供运行示例代码的精确说明。本书中的代码已经在包含 Cortex-M55 CPU 的 Arm Fast Model 或基于 Arm MPS3 FPGA 的原型系统上测试过，Arm MPS3 FPGA 系统允许芯片设计者在流片之前对其设计进行原型实验。

为了更好地理解本书的示例，并使用 Helium 做实验，建议读者先获取 Arm 工具并在所选目标机上安装 CMSIS 库。

Keil MDK可以从网址http://www2.keil.com/mdk5/获取。版本5.30及后续版本支持Helium。新手入门用户指南介绍了如何安装和使用该软件。安装程序中也添加了CMSIS库，CMSIS库包含了大量示例以及运行这些示例的详细说明，在本章接下来的部分将会介绍。在后面的章节中，将会经常提到该库的DSP和机器学习部分。除了Keil工具，也可以从网址https://developer.arm.com/下载Arm Development Studio。

Arm Fast Model评估包也可以从Arm开发者网站上下载，同时有Windows和Linux版本。版本11.10及后续版本支持Cortex-M55的模型，其中包括用于无电路板开发的FVP。通过设置如下参数，可以配置`ARM_AEMv8M FVP`使能Helium（支持浮点）：

- `cpu0.enable_helium_extension=1`
- `cpu0.vfp-present=1`
- `cpu0.vfp-enable_at_reset=1`

其他模型可能具有不同命名的参数控制着Helium实现。这里有一份用于Armv8.1-M Fast Model的Hello World程序示例，可以用来解释Helium代码运行于模型之上，该程序可从网址https://github.com/ARM-Software/Tool-Solutions/tree/master/fast-models-examples/armv8.1-m获取。

### 7.1.1 Arm Compiler 6

Arm Compiler 6是Arm公司先进的C和C++编译工具链，伴随着Arm架构一起开发。其可以为全系列的Arm处理器和目标应用生成高效的代码。Arm Compiler 6是Arm Development Studio、Arm DS-5 Development Studio和Arm Keil MDK的一个组件，也可以作为一个独立的产品。Arm Compiler 6结合了来自Arm公司基于LLVM编译器框架的工具和库。

Arm Compiler 6工具链包括对Helium的全面支持。针对Helium，其支持代码的自动矢量化，使得标准C代码可以利用Helium，这意味着只需要最小的工作量来生成优化的代码。随着时间的推移，来自真实世界用例的信息可以用来支撑代码生成的改进，预计编译器将在性能和代码尺寸方面得到提高。

编译器也支持原语，这样每个Helium操作看起来就像函数调用。针对Helium不同尺寸和类型的矢量会有一些特殊的数据类型。原语在Arm Compiler 6和GCC之间是通用的。采用原语编程需要将代码映射到Helium操作，这可能是一个耗时的过程，要求对代码和架构有很好的理解。

Arm Compiler 6的组件如下：

- armclang——用于编译C、C++和GNU汇编源代码的编译器和集成汇编器，基于LLVM和Clang（支持C和C++的LLVM编译器前端）。为了适用于Cortex-M55，需要在 armclang 命令行中使用 `-mcpu=cortex-m55`。这里有一些用于指定不同 Helium 能力的选项，例如，`-mcpu=cortex-m55+nomve` 用于不具备 Helium 的 Cortex-M55，`-mcpu=cortex-m55+mve+nomve.fp` 用于仅支持整型 Helium 的 Cortex-M55。

- armasm——用于具有较早语法风格的代码的老式编译器。对于所有含有 Helium 指令的汇编文件，必须使用 armclang 集成编译器和 GNU 语法。
- armlink——用于将一个或多个目标文件与一个或多个目标库结合起来生成可执行文件的链接器。同样，需要使用命令行开关 `--cpu=8-M.Main.dsp`。
- armar——可将 ELF（可执行且可链接格式）目标文件集打包成档案或库。
- fromelf——用于将 Arm ELF 映像转换成二进制格式的映像转换工具。使用 fromelf 反汇编代码需要一个识别 Helium 指令的开关 `--cpu`（与链接器类似）。

### 7.1.2 GCC Helium 功能

GNU 编译器包含了对 Helium 的支持，使用 `-march=armv8.1-m.main` 来使能，可以指定如下选项：

- `+mve`——支持 MVE 整型指令。
- `+mve.fp`——支持 MVE 整型和单精度浮点指令。

或者，如果正在使用支持 Helium 的特定 CPU 实现，可以使用命令行开关，如 `-mcpu=cortex-m55`。

在撰写本书时，GCC 还没有加入 Helium 自动矢量化的功能。

### 7.1.3 Helium CPU 内核的调试、跟踪、剖析

Arm 的调试工具支持 Helium CPU，这些工具有 Development Studio 2020.0 版本以上（青铜版及以上）和 Keil MDK v5.30 以上的 μVision。正如期望的那样，工具包括 Helium 指令的反汇编视图和升级的寄存器视图，可以以各种可选的格式显示矢量寄存器，还可以显示矢量预测状态和控制寄存器和其他寄存器。工具还包括一个 Cortex-M55 系统的 FVP，这是 Arm IP 的模型，允许软件开发人员在获得硅片之前编写、剖析、跟踪和调试代码。这为学习新指令的细节提供了很好的方法，而不需要硬件开发板。

Armv8.1-M 架构引入了一些有助于 DSP、ML 应用的调试改进功能。现在可以设置与计数器关联的断点，这意味着可以让处理器只在达到某一计数值时才停止，而不是每次到达代码中的指定位置就停止。这也意味着可以停在循环结束的附近，而不是多次迭代。例如，这对一个滤波器稳定后停止处理器可能是有用的。现在还可以选择在比较一个数据观察点时屏蔽某些位，这允许去观测一系列的值，而不是一个特定的值。

## 7.2　Helium 编程方式

为了利用 CPU 的 Helium 特性，编程人员有以下几种选择：

- 针对 Helium 优化好的库，提供了最简单的方法。接下来提到的 CMSIS-DSP 和 CMSIS-NN 就是该库中的开源示例。
- 自动矢量化编译器技术，可以自动优化 C/C++ 代码以利用 Helium。如果编译器检测到有机会矢量化，它能够产生与手写底层代码一样好的输出，而无须对底层微架构有详细的了解。用 C 编写的代码也可以被更快地创建，更容易调试，并且能够跨系统移植。
- Helium 原语是一种函数调用，编译器会使用恰当的汇编语言指令替代它。这使得高层代码可以直接地、底层地访问 Helium 指令和特性。
- 在某些情况下，手写的 Helium 汇编代码可以让有经验的程序员实现比上述任何一种方式都更优的解决方案。

本章接下来的部分将依次介绍这些方式。

## 7.3　矢量库

Arm 处理器广泛授权，这意味着相同的 Cortex-M CPU 可能来自许多不同的半导体公司，每家公司都有自己的微控制器系列，这些微控制器在内存、外设、价格等方面的要求有着很大不同。这意味着不论选择了哪种设备，都可以选择合适的微控制器来满足需求，并能继续使用相同的知识和工具。

现代微控制器也许含有各种各样的复杂外设，例如 LCD 接口、USB 或者 Ethernet，这些外设可能和驱动软件一起提供。这意味着如今大部分产品都可能使用第三方代码，可能包括操作系统、库、开源通信栈等。也就是说有必要使高层代码在不同微控制器和工具之间可移植。

### CMSIS

CMSIS 是由 Arm 和众多芯片公司以及工具供应商组成的联盟的成果，其目标是软件的可移植性和复用性，提供了一个供应商独立的硬件抽象层。CMSIS 由不同组件组成，支持软件复用，给处理器、外设、实时操作系统和中间件提供了一个标准的接口。CMSIS 被分为一组不同的规范。

CMSIS 与 Arm Compiler 6、GNU Arm 嵌入式工具链及商业工具链是兼容的，例如 IAR。针对 CMSIS 每个不同部分的完整的文档和开源代码可以从如下 GitHub 网站找到：

https://arm-software.github.io/CMSIS_5/General/html/index.html。

下面的 3 个组件是 Helium 开发者特别感兴趣的：

- CMSIS Core——该核心组件为 Cortex-M 设备提供了最小的硬件抽象层（Hardware Abstraction Layer，HAL），为各种系统寄存器、异常、系统初始化方法和特定设备的头文件提供了标准化的定义，使用户和工具能够通过标准化的方式访问 CPU 和外设。组件中也包括 Helium 原语函数（本章会介绍）的定义。
- CMSIS DSP——DSP 函数库，具有针对 8 位整数、16 位整数、32 位整数和 32 位浮点数的不同函数，包括基本数学函数、复数数学函数、滤波器函数、变换函数、矩阵操作函数、电机控制函数、插值函数、统计函数等。该库包括这些函数的 Helium 优化版本。
- CMSIS NN——神经网络函数库，以最小的内存开销针对 Cortex-M 处理器优化的软件内核。同样地，这些函数也可以利用 Helium 得到最优性能。在第 12 章将更详细地介绍 CMSIS NN。

CMSIS 集成在来自 Arm 的 IDE 中，包括 Keil MDK 和 Arm Development Studio。在 Keil MDK 中，可以使用 MDK 的软件包安装器来安装 ARM::CMSIS 包。在 Arm Development Studio 中，使用 Pack Manager（软件包管理器）来安装 `Generic->ARM.CMSIS` 包。Arm 官网的文档描述了如何开始使用 CMSIS。CMSIS 中包含大量示例，运行使能了 Helium 的 CMSIS DSP 示例是一个很好的学习 Helium 代码的方法。

CMSIS 代码中有 3 个 C 预处理器定义用来选择 Helium 版本，如下所示。对于支持 Helium 浮点的 CPU，这 3 个预处理器都应该被定义；对于支持 Helium 但没有浮点的 CPU，前两个预处理器应该被定义。对于 Cortex-M55，它们会在配置文件中被自动定义，无须手动设置。

```
#define ARM_MATH_HELIUM
#define ARM_MATH_MVEI          // 支持整型Helium
#define ARM_MATH_MVEF          // 支持浮点型Helium
```

## 7.4 自动矢量化

目前编译器技术可以在高级代码中自动检测到可以使用 Helium 指令并行执行矢量运算的机会，这个过程称为自动矢量化。这种代码在速度和尺寸方面可能与手工优化的汇编代码或包含原语的 C 代码一样高效，但只需要很少的时间去编写和调试代码，而且无须对目标微架构有详细了解。C 代码也更有可移植性。

虽然 C 源代码在不同架构间是可移植的，但有时为了生成更好的代码，需要改变编译器指定的参数（在某些情况下，对于生成的代码，编译器选项的一个改动可能引起很大的性能差异)。

在大多数情况下，对于程序员来说，最好的方法是利用编译器，并使用库中优化好的代码。只有在编译器生成的代码不能满足所需性能时，才有必要考虑其他方法，例如使用原语。还有一些特定的硬件特性（例如在一开始使能 Helium）需要使用汇编代码。

强调一下 Arm C Compiler 的一些额外特性是有帮助的。例如，可以定义两个指针，指向 32 位浮点数的缓冲，如下所示：

```
float32_t * pSrcA
float32_t * pSrcB
```

然后进行矢量类型转换，并使用标准的 C 算术或逻辑运算符，如下所示：

```
vecDst = *(float32x4_t *)pSrcA + *(float32x4_t *)pSrcB;
```

这会生成连续的矢量加载 / 存储指令和算术指令。（值得注意的是，该特性未在 ACLE 规范中定义，所以在 Arm Compiler 6 或 GCC 之外也许是不可移植的。）

此外，可以像数组一样访问矢量中的元素，或者直接对整个矢量进行操作。例如：

```
vecDst[2] += 0.1;
```

或

```
vecDst = vecDst << 16;  // 仅对整型数值有意义
```

### 7.4.1　使用矢量化编译器

为了使能 Arm Compiler 6 针对 Helium 自动矢量化 C 代码的功能，必须指定目标架构为 Armv8.1-M 并使用 +mve 开关（通常还要指定浮点硬件的可用性）。一个命令行开关的示例如下所示：

```
--target=arm-arm-none-eabi -march=armv8.1-m.main +mve.fp +fp.dp
```

当优化等级为 `-O2` 或更高时，自动矢量化默认使能，使用 `-fno-vectorize` 选项可以禁用自动矢量化。当优化等级为 `-O1` 时，自动矢量化默认禁止，使用 `-fvectorize` 选项可以使能自动矢量化。当优化等级为 `-O0` 时，自动矢量化总是被禁止的。注意，其他编译器的行为可能是不同的。

Arm Compiler 6 提供了一些标志，这些标志对于理解编译器是否对代码某部分进行了矢量化是有用的。这些标志会引入额外详细的信息并打印到屏幕上，或者存储到日志文件中。这些标志被称为“优化备注”：

- `-Rpass=loop-vectorize`——表示成功矢量化了循环。

- `-Rpass-missed=loop-vectorize`——表示循环矢量化失败，并指出矢量化是否被指定。
- `-Rpass-analysis=loop-vectorize`——指出导致矢量化失败的语句。

为了严格遵守 IEEE-754（ISO C/C++ 标准要求），需要正确处理 NaN、下溢和非标准化数值。标准 DSP 算法和其他数值健壮的浮点代码应该不需要这些。一些编译器标志 `-ffpmode=fast` 或 `-ffast-math` 允许进行浮点优化，以合规处理这些特殊情况为代价，使性能得到显著提高。这意味着，对于浮点代码，`-Ofast` 胜过 `-O3`。

为了编写最优代码，简单了解编译器如何分析代码以矢量化是很有用的。

第一步是循环分析。对于每个循环，编译器都需要检查循环内执行了哪些指针访问，以及对其进行矢量化是否安全；需要计算出有多少次循环迭代（这不一定是一个编译时就知道的数值）；也需要清楚循环内正在使用的数据类型以及如何映射到 Helium 矢量寄存器。

下一步是展开循环至恰当的迭代次数。例如，原 C 代码可能每周期执行一次 32 位的操作。通过展开循环，每次循环每周期执行 4 次操作，并且循环次数是原来的四分之一。这样得到的代码执行一组相同的操作，但是更容易映射到 Helium 矢量运算。编译器也可以颠倒循环顺序（如果安全的话），这样就可以向下计数到 0，而不是向上计数到某一数值。

如果循环如下所示：

```
for(i = 0; i < (n & ~3); i++)
  pa[i] = pb[i] * pc[i];
```

该循环可以展开为以下形式（在编译器内部）：

```
for (i = ((n & ~3) >> 2); i>=0; i--)
{
  pa[i] = pb[i] * pc[i];
  pa[i+1] = pb[i+1] * pc[i+1];
  pa[i+2] = pb[i+2] * pc[i+2];
  pa[i+3] = pb[i+3] * pc[i+3];
}
```

在循环展开后，编译器会试图将数组访问转换为指针访问，得到如下所示的循环：

```
{
 *(pa) = *(pb) + *(pc);
 *(pa + 1) = *(pb + 1) + *(pc+1);
 *(pa + 2) = *(pb + 2) + *(pc+2);
 *(pa + 3) = *(pb + 3) + *(pc+3);
 pa += 4; pb += 4; pc +=4;
}
```

这样就可以映射到相应的 Helium 指令。

编译器也能够发现特定的编程风格，使得代码被识别为可矢量化的，否则就会出现数据依赖性。例如，下面这段代码看起来具有自依赖性，但是编译器可能会识别出先读取等号右边的值，然后存储到左边，因此数据在赋值过程中不可能改变。

```
a[i] = a[i] + a[i+1];
```

注意，一些编译器会有编译指示符（例如，nounroll）来强制某一循环不被展开。

### 7.4.2 面向自动矢量化编程

如前所述，编译器必须先查看代码，然后检测可以被矢量化的特征。在利用 Helium 方面，特征被检测到得越多，输出的代码就越好。程序员可以以一定的方式构建代码，使编译器做到这一点，也可以提供提示，使编译器能够检测到矢量化特征，否则会被当作不能矢量化的特征。这些修改并不针对特定的架构，而是有助于在任何目标架构上进行矢量化，在不支持矢量化的目标架构上，也不会对性能产生负面影响。

在 C/C++ 代码中，了解 restrict 关键字并在恰当的时候使用是很重要的。C99 中 restrict 关键字（或者非标准 C/C++ 的 __restrict__ 关键字）通知编译器，在生命周期内一个指定的指针不会和任何其他指针共用一个名称。通过告诉编译器循环迭代是相互独立且能够并行执行的，可以使得编译器更积极地矢量化循环。如果 restrict 关键字被错误地使用，生成的代码的行为也许是不正确的。当一个指针使用了 restrict 关键字，如果另一个指针用来访问相同的内存，那么是不能使用 restrict 的。

下面有一些编写循环的方法，可以帮助或是阻碍自动矢量化：

- 尽量确保编译器能够在循环开始时确定迭代次数是否是固定的，可能的话使用无符号整型的循环计数值。
- 循环终止条件有可能引起很大的开销。如果可以，编写向下计数到 0 的循环并测试循环变量是否等于 0。如果不可以，在构建循环时最好使用小于（<）条件，而不是小于等于（<=）或不等于（!=）条件。这有助于编译器知道在索引变量发生回绕前终止循环。如果可能，避免使用 break 指令退出循环。
- 循环分割可能是有用的。这意味着执行多个任务的循环在被重写为几个独立的循环时，性能可能更好。
- 使用编译指示符来明确地表示循环迭代是完全相互独立的。
- 避免循环迭代间的“反馈”。一个循环若有一个迭代结果反馈到同一循环的未来迭代中，则可能存在数据依赖性冲突的。这可能会阻碍循环代码被充分地优化。冲突的可能是数组元素，或是一个简单的标量数值，例如一个求和值。为了确定是否有这种冲突，有必要在循环中检查被读取或写入的每一个数组维度的访问模式。如果存在重叠，操作的矢量顺序可能会改变计算结果，那么不可能成功地矢量化该循环。

具有数据依赖性冲突的示例代码如下所示：

```
int p[10];
p[0]=1;p[1]=1;

void func(void)
{
  int cnt;
  for (cnt=2; cnt<10; cnt++)
  {
    p[cnt] = p[cnt-1] + p[cnt-2]; // 该语句阻碍矢量化
  }
}
```

如上循环包含一段代码，该代码设置数组元素的数值依赖于之前循环迭代中修改的其他元素的状态，因此，它不可能被自动矢量化。

在循环中使用标量有一个特例，即一个数值的矢量被“归约”为一个标量结果，这被称为归约操作。归约操作作用于整个单一矢量中，在矢量的元素间执行相同的操作。例如，Helium 指令 `VADDV.U16 Rda,Qm` 就是一个归约操作，该操作取一个无符号 16 位整数的矢量，将 8 个元素加在一起，用一个通用寄存器存储返回的 32 位求和结果。

编译器会试图将这种用例看作代码中频繁使用的，因此是值得矢量化的。这是很典型的处理，通过创建一个部分归约的矢量，然后将其归约到最终的结果标量中。常见的例子包括：

- 两个矢量的点乘。
- 求矢量中的最大或最小值，或者求矢量中最大或最小元素的索引。
- 所有矢量元素的乘积。

示例代码如下所示：

```
float a[16], b[16], x;
int i, n;
...

for (i = 0; i < n; i++)
   x += a[i] * b[i];
```

上述代码计算一个简单的点乘运算，其中 x 是一个归约标量。虽然 x 的中间值会受到计算顺序的影响（循环之间存在数据依赖），但编译器能够识别出通过重排序循环，在循环结束时最终值不会改变，因此这段代码是可以被矢量化的。

使用 Arm Compiler 6.14 编译这段代码，编译选项为 `-mcpu=cortex-m55 -Ofast ffast-math`，内部循环生成代码如下所示：

```
.LBB28_5: @ =>This Inner Loop Header: Depth=1
        VLDRW.U32      Q1, [R0], #16
        VLDRW.U32      Q2, [R1], #16
        VFMA.F32       Q0, Q2, Q1
        LE             LR, .LBB28_5
```

接下来的代码是将 4 个矢量乘的求和值归约为 1 个，并且处理循环尾部。

编程人员常常希望将复杂的操作拆分成不同的函数，这通常是好的做法，因为这样有助于代码重用，并使得代码更易读。然而，循环中的函数调用可能会阻碍矢量化。调用了函数的循环若想从矢量化中获益，应该使用 `__attribute__((always_inline))` 标记。这使得编译器在试图矢量化之前去内联函数。内联意味着函数调用将会被函数体中的代码替换。如果可能引起不正确的行为，编译器就不会这么做。如果内联函数被多个源文件使用，那么它们应该被放在一个头文件中。

对于某些架构或编译器来说，将变量当作 32 位宽看待能够获得最好的性能。而对于 Helium 代码，使用能够存储所需数值范围的最小的数据类型将会更好。相比于 32 位数值，Helium 在每次矢量运算中可以处理 4 倍多的 8 位数值，或者 2 倍多的 16 位数值。应该避免使用双精度浮点，因为 Helium 矢量运算不支持该数据类型。

### 7.4.3　自动矢量化示例

本节将会展示可以对如下代码所示的简单 C 代码片段所做的修改，这些修改使得代码更可能被矢量化。大多数修改是与架构无关的（例如，它们同样适用于为 Neon 或其他 SIMD 架构编写代码）。

```
void calculate (double *a, double *b, double *x, double *y, int n) {
        int i;
        for (i=0; i<n; i++) {
             a[i]= x[i] * y[i];
             b[i]= a[i] – x[i] + y[i];
        }
}
```

可以立刻发现一些将会阻碍矢量化这段代码的问题，如下：

- 数组是双精度浮点类型。如果使用单精度是安全的，那么就应该修改。（当然，也许有些例子中的算法就是要求使用双精度浮点类型。）
- 编译器不知道 `a`，`b`，`x` 以及 `y` 指向独立的位置（例如，它们是不可重叠的数组），因此必须假设它们是可以用别名表示的，例如，`x[3]` 和 `b[2]` 可能是相同的内存位置。这需要使用关键字 `restrict` 通知编译器。
- 循环的迭代次数不是固定的。如果能通过屏蔽掉低两位来提示编译器 `n` 是 4 的倍数，那么矢量化就会更容易。

修改后的代码如下所示[⊖]：

---

⊖ 此部分代码中循环条件存在错误，原代码中 `for (i=0; i<(n-3); i++)` 应为 `for (i=0; i<(n & 3); i++)`。——译者注

```
void calculate(float *restrict a, float *restrict b, float *restrict x,
float *restrict y, int n) {
        int i;
        for (i=0; i <(n~3); i++) {
             a[i]= x[i] * y[i];
             b[i]= a[i] – x[i] + y[i];
        }
}
```

在 Cortex-M55 模型运行上述修改后的代码，获得接近 4 倍的性能收益（n 为 64，258 个周期对比 929 个周期）。速度的提升主要是因为原代码使用的是标量浮点硬件，而修改后的代码能够利用矢量寄存器并行执行 4 次运算。

## 7.5 Helium 原语函数

原语是允许利用 Helium 而不必直接编写汇编代码的一组 C/C++ 函数。ACLE 文档中包括 Helium 原语规范。原语函数的实现包含在一个头文件中，从 Arm Compiler 6 和 GCC 中都能获取到。函数包含简短的汇编语言部分，它们被内联到调用的代码中。M 系列矢量扩展（MVE）原语参考文档包含全部的 Helium 原语。

使用原语有如下优点：

- 程序员能够直接访问 Helium 指令集，这允许编写充分优化的代码，利用所有 Helium 特性。
- C/C++ 可用于大多数代码，只有当需要优化而矢量化 C 编译器无法执行优化时，才会使用 Helium 原语。这意味着只有在必要时才使用底层代码。
- 相比于采用汇编语言编写的代码，含有 Helium 原语的 C 和 C++ 代码可以移植到一个新的目标平台，仅需少量修改，甚至无须修改。
- 使用原语避免了很多与直接使用汇编语言编码相关的难点（本章后面将会介绍）。

然而，相比于使用库代码或依赖编译器，使用原语需要更多架构知识。

正如所看到的，原语就是伪函数的调用，编译器会用适当的指令或指令序列来替代。

Helium 原语定义在特定的 Arm Compiler 头文件 arm_mve.h 中。

该头文件也定义了一组不同大小的矢量数据类型，例如：

- `int16x8_t`：8 个 16 位短整型矢量（存储于 Q 寄存器）。
- `float32x4_t`：4 个 32 位浮点型矢量（存储于 Q 寄存器）。

**示例**

```
int16x8_t result, a, b;
result = vaddq_s16(a,b);
```

完整的指令列表详见在线参考文档 https://developer.arm.com/architectures/instruction-sets/simd-isas/helium/mve-intrinsics。

在 C 预处理中，可以设置宏 __ARM_FEATURE_MVE。位 0 表示是否支持 Helium 整型指令，位 1 表示是否支持 Helium 浮点指令。因此会看到如下代码，以便只在 Helium 可得时包含头文件：

```
#if __ARM_FEATURE_MVE & 1
#include <arm_mve.h>
```

### 7.5.1 原语编程

相比于原生汇编语言，原语编程有一个主要优点，即允许编译器去处理诸如数组查找和寄存器分配等事情。任何以矢量类型定义的变量将会被分配到 Helium 矢量寄存器中。矢量类型参数将会在 Helium 寄存器中传入函数。

ACLE 规范为原语函数原型定义了格式。arm_mve.h 包含实际的定义，共有 4000 多个。而 Helium 指令少于 200 条，这是因为针对每一种数据类型都有一个单独的函数原型。正如将要看到的，每个函数还有一系列预测选项。

每条原语都可以使用或不使用 __arm_ 前缀，通过定义如下宏，可以使得 __arm_ 前缀变成强制的（为了避免命名空间污染）：

```
__ARM_MVE_PRESERVE_USER_NAMESPACE
```

原语函数的命名规则很容易理解。每一条原语以“v”（针对矢量）和操作名称（通常是映射到一条汇编语言指令）开头，接着是标识（“q”标识的意思为对 128 位的矢量进行操作），然后是下划线（“_”），最后是数据的类型。

就像已经看到的，Helium 操作于 128 位的矢量上，矢量包含具有相同标量数据类型的元素。这意味着 C/C++ 代码要能以矢量数据类型声明变量。这些数据类型以通道类型加一个倍数来命名。通道命名基于定义在 stdint.h 中的类型，基本的类型有 int8_t、uint8_t、int16_t、uint16_t、int32_t、uint32_t、int64_t、uint64_t、float16_t 和 float32_t，倍数是为得到 128 位矢量所需的数值，例如 uint8x16_t 表示具有 16 个 int8_t 数值的矢量。

此外，还有矢量数组数据类型，针对所有矢量类型的 2 倍和 4 倍而定义，用于某些加载和存储操作中。对于矢量类型 <type>_t，相应的数组类型是 <type>x<length>_t。矢量数组数据类型就是一个结构体，其包含一个称为 val 的数组元素。

例如，一个具有 4 个 int16x8_t 类型的数组可以表示为

```
struct int16x8x4_t { int16x8_t val[4]; };
```

不同的 vld4q 原语函数用于从内存加载 2 个 64 位连续的数据块，并以 4 为跨度，解交织数据到 4 个 Q 寄存器中（参见 5.3 节）。因此这类函数的输出为 int16x8x4_t 类型。这些函数（类似的还有 vld2q、vst2q 和 vst4q）包含多个 Helium 指令，所以 vld4q 包括 vld40、vld41、vld42 和 vld43。

因为原语是 C 函数，所以要遵循 C 编码规则，相比于 Helium 指令有更多约束。只要大小匹配，Helium 指令可以使用任何寄存器作为任何类型的矢量。

因此，提供了一类原语函数，将一种矢量类型转换为另一种矢量类型。这种存在只是给编译器提供信息，实际上并不会改变寄存器的内容，也不会使二进制代码中生成任何指令。

**示例**

```
int16x8_t vreinterpretq_s16_u32(uint32x4_t a);
```

如果定义了 int32x4_t x;，则不能编写形如 uint32x4_t y = x; 的语句，必须这样编写代码：

```
uint32x4_t y = vreinterpretq_u32_s32(x);
```

同样，vcvtq 类的原语函数必须被用于整数和浮点类型间的转换，其映射到 Helium 的 VCVT 指令。

**示例**

还是定义 int32x4_t x;，不能简单地编写形如 float32x4_t z = x; 的语句，此处代码需要这样编写：

```
float32x4_t z = vcvtq_f32_s32(x);
```

这里有许多原语函数直接映射到汇编语言指令。vcreateq 原语可用于从标量构建矢量，其使用 2 条 VMOV 指令，返回一个由 2 个 64 位数值连结成的 128 位矢量。vdupq 原语也可用于构建矢量（使用 VDUP 指令）。Arm Compiler 6 允许直接初始化一个矢量，就像初始化一个数组一样。

**示例**

```
uint32x4_t x = {1, 2, 3, 4};
```

vgetq_lane 原语用于读取寄存器某个特定通道的数值，而 vsetq_lane 原语用于设置某个通道的数值。vuninitializedq 原语用于创建一个内容无关的矢量。

定义一些标量数据类型用于匹配矢量数据类型，因此 float32_t 被定义为 float 的别名，float16_t 被定义为 __fp16 的别名，mve_pred16_t 被定义为 uint16_t 的别名，后者用于通过原语提供通道预测。

### 7.5.2　原语预测

前文中描述了 Helium 通过矢量预测允许指令仅对选定的通道执行操作。对于支持该特性的指令，原语函数拥有预测相关的变体。如下 4 种不同的后缀可用于显示这种预测：

- `_m`（合并）——表示错误预测通道不会被写入结果寄存器，保持原值。
- `_p`（预测）——表示错误预测通道不会在矢量运算中用到。例如 `vaddvq_p_s8`，其中错误预测的通道不会被加到结果的求和值中。
- `_z`（归零）——表示错误预测通道使用 0 填充，该后缀仅用于加载指令。
- `_x`（无关）——表示错误预测通道具有未定义的值。

某些预测原语具有专用的第 1 个参数，该参数与结果类型相同，其用于指定结果矢量中的哪些值是错误预测的通道。

例如，原语如下：

```
float16x8_t vaddq_m[_f16] (float16x8_t inactive, float16x8_t a,
float16x8_t b, mve_pred16_t p);
```

该原语将第 1 个源矢量寄存器中元素的值加到第 2 个源矢量寄存器相对应的元素上，或者加到通用寄存器，然后将结果写入目标矢量寄存器。该原语函数将结果写入结果矢量 16 个通道的每个通道中，要么是 `a` 和 `b` 矢量相对应通道间求和的结果，要么是矢量的非激活通道保持原值，这取决于通道在 `p` 中是正确预测还是错误预测。对于每个矢量元素而言，参数 `inactive` 必须和原语的返回类型具有一样的宽度。

该原语函数可能生成 3 条指令，如下所示：

```
VMSR P0, Rp          //使用参数p加载预测寄存器
VPST                 //下面的指令在预测块内
VADDT.F16 Qd,Qn,Qm   //Qd是参数inactive的值；Qn是参数a的值；Qm是参数b的值
```

对于与输入通道大小相对应的每一位，预测掩码必须令所有位为同样的值。换句话说，例如，如果输入大小为 32 位，那么预测掩码的相对应的 4 位必须彼此一致。通常，这意味着产生预测掩码值的代码必须使用某一元素大小，其等于（或大于）使用了该掩码的指令的元素大小。下面的示例将会对此加以说明。

通过执行 2 个矢量 `a` 和 `b` 之间的比较来创建一个掩码，`a` 和 `b` 存储着无符号 8 位整数。

```
mve_pred16_t mask8 = vcmpeqq_u8(a, b;)
```

图 7-1 展示了该指令执行的示例，比较 `a` 和 `b` 中的 16 对 `.U8` 数值，如果相等，则置位 `VPR.P0` 中相应的位。

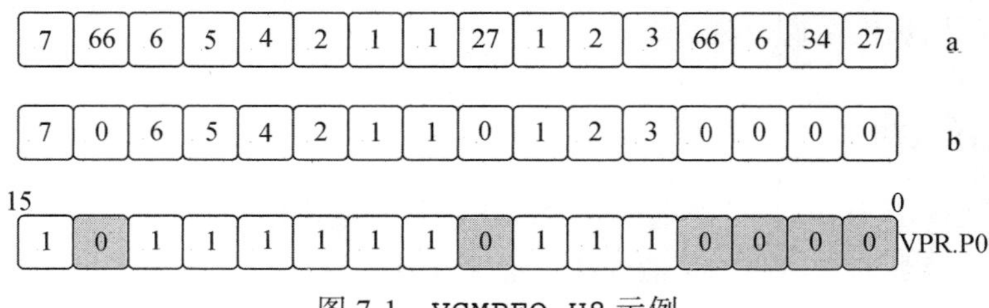

图 7-1　VCMPEQ.U8 示例

现在如果用 VPR.P0 去预测后续指令，将得到如下代码：

```
uint8x16_t r8 = vaddq_m_u8 (a, b, mask8);       //该语句正常执行
uint16x8_t r16 = vaddq_m_u16 (c, d, mask8);     //该语句无法正常执行
```

图 7-2 解释了以上代码中第二条语句无法正常工作的原因。

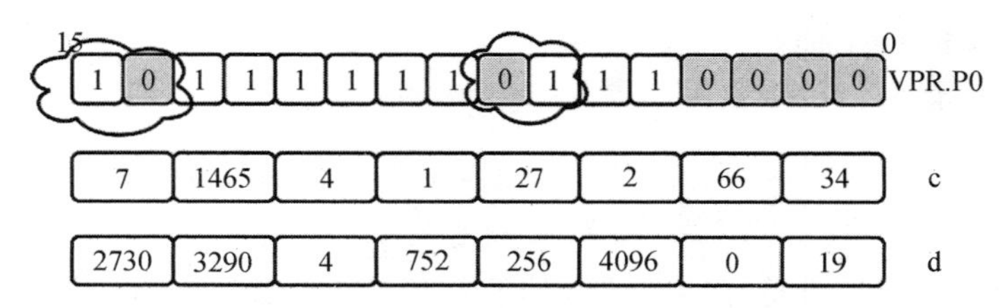

图 7-2　VPR.P0 位和元素大小不匹配

当指令中使用 16 位宽的通道时，VPR[15:0] 中需要采用 2 位与每个通道相对应，如果这 2 位不一致，则行为是不可预测的。

即使手动创建预测掩码，上述考虑也是适用的，代码如下所示：

```
mve_pred16_t mask8 = 0xAAAA;             // 使用二进制1010101010101010 预测奇数位字节
                                         // predicate every 2nd byte.

uint8x16_t r8 = vaddq_m_u8 (a, b, mask8);       // 该语句正常执行

uint16x8_t r16 = vaddq_m_u16 (c, d, mask8);     // 该语句无法正常执行
```

此外，也可以访问大部分原语的多态实现。多态通过省略类型后缀来表示，例如，只需要简单地调用 vclzq()，而不是调用 vclzq_u8()。编译器会通过 C 的 _Generic 选择机制来选择恰当的代码。这只能在输入参数的类型方面实现，且仍然需要提供正确的参数数量。这是相当方便的，因为它使得在一段代码中改变数据类型变得更容易。注意，这种做法不适用于大部分加载和存储操作，因为存在扩宽或缩窄的选项，所以是不可能从输入变量中推断出元素类型的。（例如，使用 VLDRH 加载 16 位数值到 32 位数值中。）当然，也有用于连续加载和存储的多态的 vld1/vst1 变体，没有扩宽或缩窄操作。

### 7.5.3　原语点积示例

本节将展示一些使用了原语函数的代码。

如下所示为对 2 个输入数组（psrcA[] 和 psrcB []）进行浮点乘加运算的 C 代码。

```
void arm_dot_prod( float32_t * pSrcA, float32_t * pSrcB, uint32_t blockSize)
{
result =0.0;
while (blocksize >0U) {
   result += (*psrcA++) *(*psrcB++);
   blockSize--;
   }
return(result);
}
```

这段代码需要用到的原语函数有：

- vdupq()：将矢量寄存器中的每个数据元素设置为一个通用寄存器的值，这里用该原语初始化累加矢量的值为 0。
- vld1q()：使用 VLDR 指令从内存中加载一个矢量。
- vfmaq()：执行一次矢量融合乘加运算。

展示在这里的代码可从如下 GitHub 仓库中找到：

https://github.com/ARM-software/CMSIS_5/blob/master/CMSIS/DSP/Source/BasicMathFunctions/arm_dot_prod_f32.c

在下面的代码中，点积函数的一开始声明了局部变量并初始化求和值 sum 和 vecSum，注意，其中数据类型 f32x4_t 是 float32x4_t 的缩写形式。

```
void arm_dot_prod_f32(
    const float32_t * pSrcA,
    const float32_t * pSrcB,
    uint32_t    blockSize,
    float32_t * result)
{
    f32x4_t vecA, vecB;
    f32x4_t vecSum;
    uint32_t blkCnt;
    float32_t sum = 0.0f;
    vecSum = vdupq_n_f32(0.0f);
```

如下面的代码所示，函数主循环中分别向 2 个矢量寄存器都加载 4 个单精度浮点数值，然后在每个周期对这 4 对数值进行乘法运算，并将结果累加存入另一个矢量中。

```
/* 一次计算4个输出 */
    blkCnt = blockSize >> 2U;
    while (blkCnt > 0U)
    {
        /*
         * C = A[0]* B[0] + A[1]* B[1] + A[2]* B[2] + .....+ A[blockSize-1]*
B[blockSize-1]
         * 计算点积，然后将结果存储到临时缓冲区，并更新源矢量和目标矢量指针
```

```
         */
        vecA = vld1q(pSrcA);
        pSrcA += 4;

        vecB = vld1q(pSrcB);
        pSrcB += 4;

        vecSum = vfmaq(vecSum, vecA, vecB);
        /*
         * 更新循环计数器
         */
        blkCnt --;
    }
```

图 7-3 解释了循环中的运算过程。

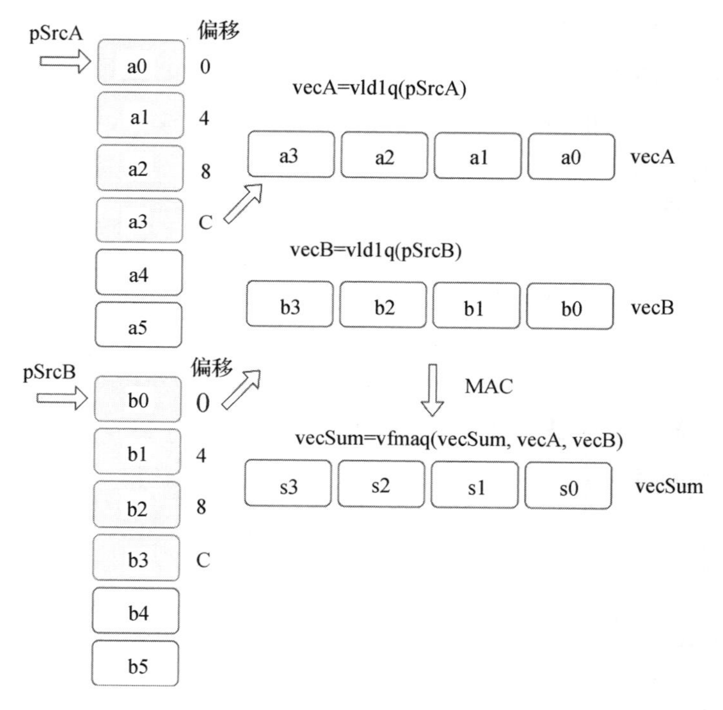


图 7-3　使用原语函数的点积计算

正如下面代码中的处理，实际应用时需要特别注意的是源数组大小 `blockSize` 也许不是 4 的整数倍，此处利用了预测版本的 `vfmaq` 原语的特性，仅更新最后一组运算需要更新的矢量通道（0、1、2 或 3 通道）。最后在代码结束段计算出一个包含 4 个求和值的矢量，为了得到最终结果，需要将这 4 个值进行归约处理加在一起。这个工作可以由 CMSIS 库函数 `vecAddAcrossF32Mve()` 来完成，该库函数定义在头文件 `arm_helium_utils.h` 中，它会调用原语函数 `vget_lane()` 分别取出矢量的 4 个通道的值加在一起，即 `vgetq_lane(in,`

0) + vgetq_lane(in, 1) + vgetq_lane(in, 2) + vgetq_lane(in, 3)。

```
        blkCnt = blockSize & 3;
        if (blkCnt > 0U)
        {
            /* C = A[0]* B[0] + A[1]* B[1] + A[2]* B[2] + … + A[blockSize-1]*
    B[blockSize-1] */

            mve_pred16_t p0 = vctp32q(blkCnt);
            vecA = vld1q(pSrcA);
            vecB = vld1q(pSrcB);
            vecSum = vfmaq_m(vecSum, vecA, vecB, p0);
        }

        sum = vecAddAcrossF32Mve(vecSum);

        /* 将结果存储到目标缓冲区*/
        *result = sum;

    }
```

要调整这段代码去处理半精度浮点（.F16）数值是很简单的，这样就可以每次迭代执行 8 次运算。具体代码实现可以参考如下 GitHub 链接：

https://github.com/ARM-software/CMSIS_5/blob/develop/CMSIS/DSP/Source/BasicMathFunctions/arm_dot_prod_f16.c

然而代码最后的归约过程稍微复杂了一点，必须累加一个矢量中的 8 个半精度浮点元素去得到 1 个半精度结果，这项工作可由定义在头文件 arm_helium_utils.h 中的 CMSIS 函数 vecAddAcrossF16Mve() 完成。

完成最后归约过程的一个方法是仍然使用 vgetq_lane() 原语函数，既然该函数可以提取一个矢量中的某个特定数据元素，那么可以简单地编写代码，如下所示：

```
result = vgetq_lane(vecSum,7) + vgetq_lane(vecSum,6) + vgetq_lane(vecSum,5)
+ vgetq_ lane(vecSum,4) + vgetq_lane(vecSum,3) + vgetq_lane(vecSum,2) +
 vgetq_lane(vecSum,1) + vgetq_lane(vecSum,0)
```

但上面这段代码处理是相当低效的。如图 7-4 所示，这个归约运算可以通过利用 vrev32q、vrev64q 和 vaddq 原语做得更好。一开始，矢量寄存器中包含 8 个数据元素 vecSum7～vecSum0，先后调用 vrev32q 和 vaddq 原语可以产生 4 个中间和。然后再调用 vrev64q 和 vaddq 原语产生 2 个中间和。最后才利用 vgetq_lane 原语和加法运算得到 8 个数据元素的和，这 8 个数据元素最后存储在寄存器前半段和后半段的底部通道中（即通道 4 和通道 0）。[⊖]

⊖ 此处原文表述和图示存在错误，最后应该是通道 4 和通道 0 相加。——译者注

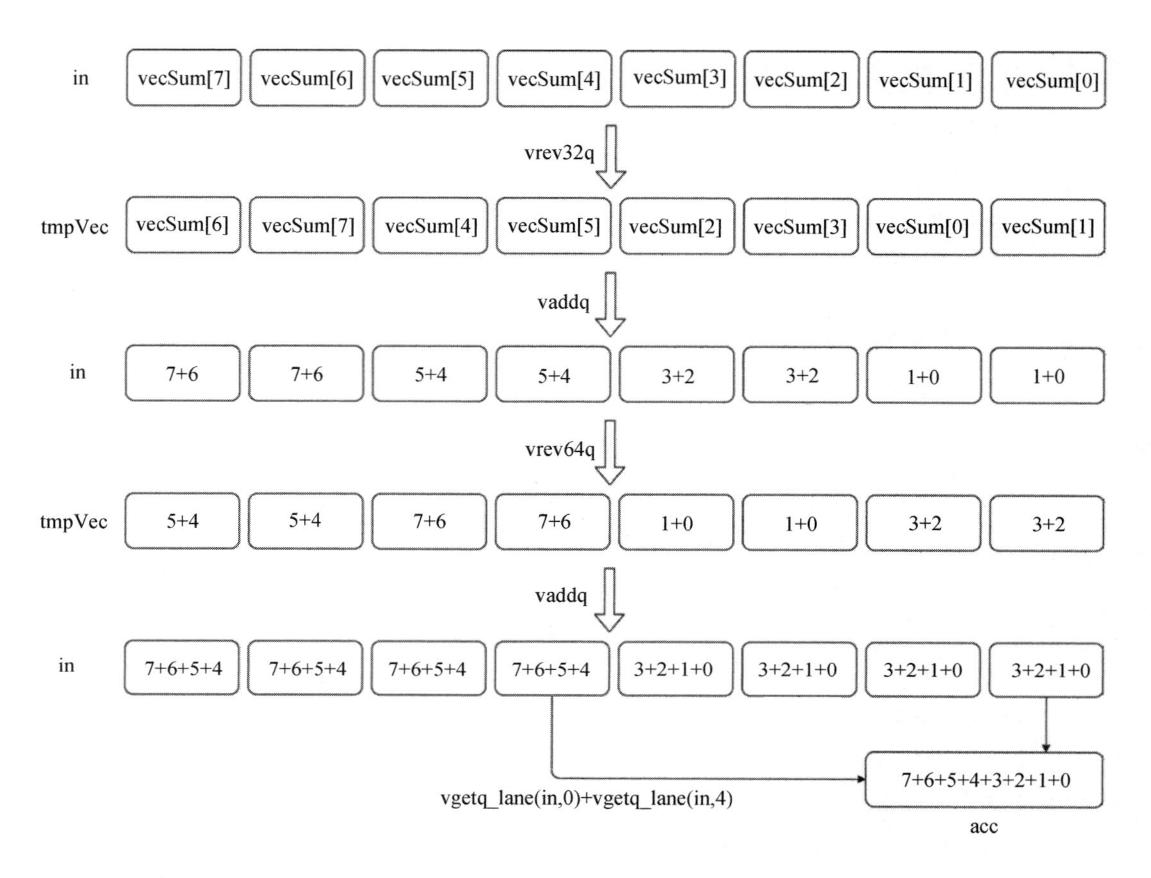


图 7-4　单精度浮点归约运算

## 7.5.4　原语离散 – 聚合示例

本节将展示使用了离散 – 聚合操作的示例。

复数 $z \equiv a + b\mathrm{i}$ 的共轭复数定义为 $\bar{z} \equiv a - b\mathrm{i}$。矩阵的复共轭是将每个元素替换为其复共轭得到的。在矩阵代数中，该操作经常和转置相结合。如果有一组 `pSrc` 指向的复数，以浮点 32 位实数、虚数成对存储在内存中，为了计算复共轭，只需要将每个奇数位（虚部）数值的符号位反转，如下面的代码所示：

```
void arm_complex_conjugate_f32 (
float32_t * pSrc, uint32_t blockSize)
{
        uint32_t  blckCnt;
        float32x4_t vecDst;
        uint32_t  cnt=1;
        uint32x4_t vecStrides = vidupq(&cnt, 2);
        blkCnt = blockSize/4;
```

```
        while (blkCnt >0U)
         {
           vecDst=vldrwq_gather_shifted_offset_f32(pSrc, vecStrides);
           vecDst = vecDst * -1.0;
           vstrwq_scatter_shifted_offset_f32(pSrc,vecStrides, vecDst);
           vecStrides= vidupq(&cnt, 2);
           blkCnt--;
         }
}
```

上述代码[⊖]片段中有几个特性需要注意。这里使用 vidupq(&cnt, 2) 在 vecStrides 中创建了初始化矢量值 {1,3,5,7}，该值由 cnt 初始值 1 和原语调用中指定的递增量 2 生成。在指令结束时，cnt 的值自动更新为下一个值 9。

在循环中，使用原语 vldrwq_gather_shifted_offset_f32 从 pSrc 加载矢量值，以 vecStrides 为偏移量。这将生成一条指令，该指令使得矢量中的偏移值在计算地址时左移 2 位，因此加载的是第 1、3、5、7 个字，而不是简单地将偏移值直接加到基地址上。

原语 vstrwq_scatter_shifted_offset_f32 使用相同的偏移，仅对虚部执行写操作。循环的最后，执行 vidupq 为下一次循环迭代产生新的偏移（切记每次 cnt 都会更新指向下一个值）。

注意，Arm Compiler 6 和 GCC 都允许编写如 vecDst = vecDst * -1.0 一样的代码，然而，Arm ACLE 规范中没有定义这种替代语法，为了保证可移植性，应该编写代码为：

```
vecDst = vmulq(vecDst, -1.0f);
```

### 7.5.5　原语尾部处理

在编写矢量代码时，一个常见的问题是如果操作的数据不是矢量大小的整数倍时，如何处理剩余的数据。通常，可以利用一些标量代码来完成。正如 3.4 节中介绍的，针对尾部循环，Helium 加入了预测特性以避免上述情况，并且 Arm Compiler 6 可以生成利用该特性的代码。同样也可以使用之前章节看到的原语和预测特性来完成这种处理。

创建尾部预测指令（VCTP）在 VPR.P0 中设置了一个预测模式，这意味着接下来的指令将不对矢量中的元素执行操作，或者对部分或所有元素操作，这取决于剩余项的数量。如前所述，vld1q 原语附加 _z 意味着不被加载的通道用 0 填充，_m 后缀意味着不用的通道保留原值。对于 vst1q，_p 后缀意味着错误预测的通道不会写入内存。

如下面的代码所示，该段代码会使编译器生成一个尾部预测 Do 循环，而无须标量代码做尾部处理。

---

⊖ 原书中此段代码存在错误，已修正。——译者注

```
void arm_mult_f32_mve_tp(const float32_t * pSrcA, const float32_t * pSrcB, float32_t *
pDst, uint32_t blockSize)
 {
   f32x4_t vecA, vecB;
   while ((int32_t)blockSize > 0)
   {
       mve_pred16_t p = vctpq_f32(blockSize);
       vecA = vld1q_z(pSrcA, p);
       vecB = vld1q_z(pSrcB, p);
       vst1q_p(pDst, vmulq_x(vecA, vecB,p), p);
       vstrwq_p(pDst, vmulq_m_f32(vuninitializedq_f32(), vecA, vecB,
p), p);
       pSrcA += 4;
       pSrcB += 4;
       pDst += 4;
       blockSize -= 4;
     }
 }
```

### 7.5.6 原语函数工作流

使用原语函数编写矢量化代码需要进行一些判断。算法是否有足够的矢量化空间，使得创建代码所做的努力是值得的？ C 代码的可移植性与使用原语函数创建代码的速度（和复杂性）相比有多重要？也许标量代码是足够快的，或者矢量化编译器是足够好的，无须做额外的努力。

通常，以编写可移植的标量代码为开始是有意义的。这使得你可以调试算法，并且以其作为参考来检查使用了原语的代码的正确性。也可以作为计时的基线，以衡量是否能令代码运行得更快。你应该剖析该段代码并检查瓶颈在哪，而瓶颈常常不在预期的位置。在某些情况下，引入是否存在 Helium 的运行时检查是有帮助的，如果不存在，则使用标量代码。

好的实践一开始就考虑到将来可能会用到原语。例如，为了高效地访问内存，可以考虑什么样的数据结构布局是最好的。为了获得最好的性能，需要使矢量硬件保持忙碌。可以通过采用适合数据的最窄的类型元素获得最大吞吐量，这能够在每个矢量中装入更多数据。同样地，在一个循环内使用矢量寄存器的数量超过了最大数量，由于内存溢出，因此速度会慢下来。这些考量将会帮助编译器输出更高效的代码，也会使得之后需要使用原语时更容易。

一旦有了可工作的代码，在尝试使用原语之前，通常应该花精力让编译器去自动矢量化。同样地，应该检查是否有可能利用 CMSIS（和其他地方）的库代码。

一旦发现重构部分代码去使用原语是值得的，那么把这些代码组织到独立的文件会是一个好主意。把这些代码分开也许有助于未来的维护或移植工作。在任何情况下，将矢量代码从标量代码或控制代码中分开通常是容易的。

通过与参考代码比较结果来测试矢量代码的正确性是重要的，当然也要针对时间进行测试，以便知道你的努力是否使得代码运行得更快？

## 7.6 Helium 汇编代码

在汇编代码中直接编写 Helium 指令是很没有必要的。通常只有在特殊的场景下才会这样做，即当编程人员可以比编译器更好地分配寄存器时，例如有太多重写变量和输入输出变量。（重写变量是指那些将会被改变，但在内联汇编代码的上下文中又不是输出之一的变量。）

### 7.6.1 内联汇编代码

内联汇编器是 C 编译器的一部分，并且该编译器仍然执行寄存器分配和函数进入、退出的操作。它也会尝试优化所产生的代码，因此最后的功能会和你所编写的代码的功能等效，但不一定完全一样。内联汇编器允许我们使用 C 语言中不可用的指令，或者优化时间关键的代码。

在 Arm Compiler 6 中，使用 GNU 语法内联汇编代码，而不是旧风格的 `armasm` 语法。这里会给出一段内联汇编的简要介绍，但是感兴趣的读者应该学习完整的文档。

内联汇编通过使用 `__asm` 调用，后面跟着汇编指令列表，由大括号或圆括号括起来。可以使用如下格式来指定汇编代码。

- 单行格式，例如：

```
__asm("instruction[;instruction]");
__asm{instruction[;instruction]}
```

- 多行格式，例如：

```
__asm
{
    ...
    instruction
    ...
}
```

在内联汇编语言块内，可以在任意地方使用 C 或 C++ 风格的注释。内联汇编代码使用指令的方式和原生汇编语言函数相同，但指定寄存器（以及常数）的方式是不同的。通常，内联汇编语句的格式如下：

```
asm(code : output operand list : input operand list : clobber list );
```

在代码段内，使用百分号（%）加方括号括起来的符号名来引用操作数。输出和输入操作数的列表是可选的，并将符号的名称映射到 C 变量。输出和输入操作数的列表由逗号分隔的列表组成，其中包括方括号括起来的符号名，后面跟着一条约束字符串和圆括号括起来的 C 表达式。

因此，指令可能如下所示：

```
asm("add %[result], %[input], #1":[result] "=r" (y):[input]"x" (i):);
```

重写列表用来告诉编译器将会被指令修改的内容（但是其最终值并不重要），以防止不正确的优化。对于重写列表而言，`Memory` 是一个可用的关键字，其迫使编译器去存储和重新加载任何可以缓存的变量，因为内存可能被指令修改。列表中包含一个寄存器，以保证在代码中编译器不会出于其他目的而重用它。

所有的输入和输出操作数由方括号中的符号名来描述，后面跟着一条约束字符串和用圆括号括起来的 C 表达式。每条汇编语言指令对其操作数都有要求，因此，当传递常数、指针或变量时需要表示这些约束，约束码定义如何在汇编代码和 C/C++ 代码之间传递操作数。

这里有 3 类约束码：

- 常量操作数：用于给某一指令提供立即操作数，也是不同指令的立即数范围的特定约束。
- 寄存器操作数：编译器分配寄存器来存储数值，该数值可能是输入值或是输出。如果可用寄存器数量不足，编译器会报出一个错误。
- 内存操作数：这些操作数和加载以及存储指令一起使用，并分配一个寄存器来存储指向该操作数的指针。

一些常用的约束符号如表 7-1 所示。

表 7-1　约束符号列表

| 符号 | 意义 |
|---|---|
| h | 寄存器操作数必须为整型或浮点类型。寄存器可以是 R8～R12 及 LR 之一 |
| i | 一个整型常数，或者为全局变量或函数的地址 |
| l | 寄存器操作数必须为整型或浮点类型。寄存器可以是 R0～R7 之一 |
| m | 内存引用。该约束分配通用寄存器去存储数值的地址，而不是数值本身 |
| n | 一个整型常数 |
| r | 寄存器操作数必须为整型或浮点类型。寄存器可以是 R0～R12 及 LR 之一 |
| t | 寄存器操作数必须为 32 位浮点类型或整型。寄存器可以是 S0～S31 之一 |
| w | 寄存器操作数必须为浮点类型、矢量类型或 64 位整型。寄存器可以是 S0～S31、D0～D31 及 Q0～Q15 之一，这取决于操作数类型的大小 |
| I | 对于 16 位指令来说，为范围在 0～255 之内的常数；对于 32 位指令来说，为修改后的立即数 |

（续）

| 符号 | 意义 |
| --- | --- |
| J | 对于 16 位指令来说，为范围在 −255～−1 之内的常数；对于 32 位指令来说，为范围在 −4095～4095 之内的常数 |
| K | 对于 16 位指令来说，为左移任意位的 8 位数值；对于 32 位指令来说，为修改后的立即数的按位取反操作 |
| L | 对于 16 位指令来说，为范围在 −7～7 之间的数值；对于 32 位指令来说，为修改后的立即数的算术取非操作 |

在约束符号之前追加修饰符是可选的。所有输出操作数都要求有约束修饰符，而输入操作数没有约束修饰符。表 7-2 所示为修饰符列表。

表 7-2　修饰符列表

| 修饰符 | 意义 |
| --- | --- |
| = | 该操作数只能被写入，且只在所有输入操作数被最后一次读取完后才被写入。因此，编译器可以给该操作数和输入分配相同的寄存器或内存位置 |
| + | 该操作数可以被读取，也可以被写入 |
| =& | 该操作数只能被写入，其在汇编块完成读取输入操作数之前可能被修改，因此，编译器不能使用相同的寄存器来存储该操作数和输入操作数。带有该约束修饰符的操作数被称为早期重写操作数 |

更多信息可以在相应的 armclang 或 GCC 文档中找到。

这里有几个针对 Helium 的要点需要注意。由于某些指令可能具有 64 位的标量输出，因此需要能够指定 64 位寄存器对的低半部和高半部，这可以使用 `%Q` 和 `%R` 实现。

例如：

```
"vrmlaldavha.s32 %Q[sum], %R[sum], q0, q1 \n" /* sum 是 int64_t*/
```

同样地，为了能够强制偶数和奇数标量寄存器组对，可以使用 `+Te` 和 `+To`。这对那些产生 64 位标量输出的指令来说是必需的，其输出存储在 2 个通用寄存器中。这里会有一个限制，即 `<RdaLo>` 必须是偶数寄存器，`<RdaHi>` 必须是奇数寄存器。例如：

```
__asm volatile (...
" viwdup.u32 q2, %[wOfs], %[wLim], %[wInc] \n"
: [wOfs] "+Te" (wOffset), [wLim] "+To" (wLimit) :..: q2)
```

## 7.6.2　内联汇编示例

有一个函数读取 2 个数组，将相对应的元素相乘并将结果存储到第 3 个数组中，该函数的内联汇编如下面的代码所示：

```
__asm volatile (
    ".p2align 2 \n"
    " wlstp.32 lr, %[len], 1f \n"
    " 2: \n"
    " vldrw.32 q0, [%[pA]], #16 \n"
    " vldrw.32 q1, [%[pB]], #16 \n"
    " vmul.f32 q2, q0, q1 \n"
    " vstrw.32 q2, [%[pD]], #16 \n"
    " letp lr, 2b \n"
    " 1: \n"
    :[pD] "+r"(pDst),[pA] "+r"(pSrcA), [pB] "+r"(pSrcB)
    :[len] "r"(blockSize) :"q0", "q1", "q2", "lr", "memory");
```

当循环的起始地址是 32 位对齐时，使用低开销循环是更有效的。通常，编译器会处理这种情况，但当使用汇编代码时应该加入对齐指示符，这就是为什么上述代码中会有 `".p2align 2 \n"` 这一行。

`WLSTP` 和 `LETP` 指令创建一个尾部预测 While 循环，循环内部包括 2 条矢量加载指令、1 条矢量相乘指令和 1 条矢量存储指令。

关于如何编写内联汇编代码，有许多关键点需要注意：

- 循环的局部标签以一个数字加一个冒号表示，如该示例中的 `"2:"` 和 `"1:"`，在 `WLSTP` 和 `LETP` 指令中引用为 `"1f"`（向前）和 `"2b"`（向后）。
- 每行的结尾要求有一个 `"\n"` 换行符。
- 在代码的最后一行后面有一个冒号，其后跟着输出操作数列表。每个条目由方括号括起来的符号名、一个约束字符串和圆括号括起来的 C 表达式组成。C 语言中的 `pDst` 变量在汇编代码中引用为 `pD`，`pSrcA` 变量引用为 `pA`，`pSrcB` 变量引用为 `pB`。在代码中引用这些指针的方式示例如下：

```
[%[pA]]
```

- 在输出操作数列表之后，是一个冒号和输入操作数列表，格式同上。在代码中使用 `%[len]` 来引用 C 变量 `blockSize`。
- 在输入操作数列表之后，是一个冒号和将被代码重写（可能被改变）的内容的列表。在该示例中，重写的内容指的是 Helium 寄存器 `Q0`、`Q1`、`Q2` 和整型内核寄存器 `LR`（用作循环计数器）。通常，在内联汇编中使用硬编码寄存器可能会阻碍最佳的优化结果，更好的方式是传递一个变量，让编译器去选择寄存器。
- 在该示例中的约束字符串比较简单。当向内联汇编代码传递常数、变量或指针时，编译器需要知道应该如何传递。`r` 用于指定整型内核寄存器，`+r` 用于指定可能被代码修改的整型内核寄存器（因此必须被列为输出）。

当在具有低开销循环结构的内联汇编代码块中引入了许多寄存器时，可以通过告知编译器分配循环计数到 LR 中来避免使用中间的寄存器。这有助于减缓寄存器压力。同时也需要修改汇编指令，以创建使用 LR 的循环，而不是使用变量名。示例代码如下所示：

```
register unsigned loopCnt __asm("lr") = len

 __asm volatile (
".p2align 2 \n"
 " wlstp.32            lr, lr, 1f \n"
```

在该示例中，LR 不需要作为重写列表的一部分。

### 7.6.3　原生汇编语言函数

当然，完全使用汇编语言编写函数并在 C 语言中调用是有可能的。当编写这样的函数时，有必要了解 Arm 架构的程序调用标准（Procedure Call Standard for the Arm Architecture，AAPCS）。完整的文档可以在 Arm 网站中找到。

- 子程序调用中必须保存寄存器 Q4～Q7。
- 寄存器 Q0～Q3 无须保存（即调用者需要在函数调用之前将其压入栈，在调用之后从栈中弹出）。这些寄存器可能用于传递参数或返回结果（首先使用最低编号的寄存器）。
- 在进入和退出函数时，VPR 掩码位必须为 0，VPR.P0 位无须保存。

在 C 源文件中，需要使用 extern 关键字来声明被 C 代码调用的汇编语言函数。汇编代码将存储在一个单独的 .s 文件中，并且必须使用 .globl 和 .type 指示符来声明自己是一个全局函数。

## 7.7　从其他架构移植 DSP 代码

本节不会给出针对 DSP 代码移植的详细说明，但是这里有些通用的原则和建议可能是有用的。通常，理解原始代码如何工作是很有帮助的，特别是实现了哪些算法（及如何实现）、如何利用（如果有的话）原语和汇编语言以及 DSP 的特性，例如循环缓冲区。

如果要移植的代码使用一些标准的原语编写（例如，大量用于计算机视觉中的 OpenCV 通用原语），那么可以将其以一种直接的方式移植到 Helium。将面向 Arm Neon 的 SIMD 指令集的代码移植到 Helium 也是相对容易的。

通常，目标应该是最终得到编译器可以矢量化的 C 代码。如果使用 C 语言编写代码，那么任何架构特有的特性需要被移除或替换，然后需要查找可能阻碍代码矢量化的问题。

在某些情况下，重新实现功能是有意义的，而不是试图简单地移植代码。针对某些任务最佳算法的选择取决于底层架构。例如，以更大的基底算法实现 FFT，如 8 基底，需要更少的乘法。在某些架构中，隐式的循环展开会提高程序的速度。然而对于 Helium 而言，只有 8 个矢量寄存器会需要将数据存储到内存中，因此 8 基底 FFT 算法的性能比 2 基底的更差。在第 9 章，由于 4 基底很适合 Helium，因此将会看到 CMSIS-DSP 中基于混合 2 基底和 4 基底内核的 Helium FFT 版本。同样地，当内存操作和算术操作可以并行执行（矢令块重叠）时，Helium 会获得最佳性能，并且这会成为算法选择的一个因素。

## 7.8 Helium 底层代码

本节将会简要介绍在复位后使能 Helium 所需的代码，然后会考虑 Helium 对异常处理的影响，包括硬件如何处理指令部分完成时的中断，以及 Helium 是如何影响中断延迟的。

### 7.8.1 使能 Helium

标准的 Cortex-M 系统控制空间包括用于系统管理的寄存器，称为系统控制块（System ControlBlock，SCB）。为了利用 Helium，编程人员必须通过改写如下两个寄存器来使能 Helium：

- `0xE000ED88` CPACR（Coprocessor Access Control Register，协处理器访问控制寄存器）
- `0xE000ED8C` NSACR（Non-Secure Access Control Register，非安全访问控制寄存器）

CPACR 指定了协处理器和浮点扩展（FP 扩展）的访问权限。如果 CPU 实现了 Helium，CPACR 也用于指定其访问权限。该寄存器只能从特权模式访问，并且要以字大小来访问。这里有两种该寄存器的版本（安全和非安全）。

位 [21:20] 控制着 CP10，定义了对浮点扩展和 Helium 的访问权限，该域可能的值为：

- `0b00`——所有对于 FP 扩展和 Helium 的访问都会导致 NOCP 使用错误。
- `0b01`——对于 FP 扩展和 Helium 的非特权访问都会导致 NOCP 使用错误。
- `0b11`——对于 FP 扩展和 Helium 可以完整访问。

因此，可以通过执行如下代码来使能 Helium：

```
#define CPACR (*((volatile unsigned int *)0xE000ED88))
 CPACR = CPACR | (0xF << 20);
```

（同时写 CP11 是出于兼容性目的的一种惯例，这并不是严格要求的。）

CMSIS 内核包括每个 SCB 寄存器的定义。如果启动代码使用了 CMSIS，可以简单地编写如下代码行来使能 Helium：

```
SCB->CPACR |=      ((3U << 10U*2U)|  /* 使能CP10的完整访问 */
                    (3U << 11U*2U)); /* 使能CP11的完整访问 */
```

如果系统中采用了 Armv8-M 安全扩展（TrustZone），也需要考虑 NSACR。该寄存器控制着对于 FP 扩展、Helium 和协处理器 CP0 到 CP7 的非安全访问权限，并且只能从安全状态访问。相关的位为：

- CP11，位 [11] 控制 CP11 的访问。
- CP10，位 [10] 控制 CP10 的访问。

这两个位必须被编程为相同的值：

- 0——非安全访问 FP 扩展或 Helium 会触发 NOCP 使用错误。
- 1——允许非安全访问 FP 扩展或 Helium。

Cortex-M55 中有一个独特的微架构特性应该通过启动代码使能：在复位时，低开销循环缓存是被禁止的，因此为了获得最佳的低开销循环性能，需要通过向 `CCR.LOB`（位 19）写 1 来使能该特性。

该操作已经在 Cortex-M55 CMSIS 的启动代码中完成，代码可以从如下网址获取：

https://github.com/ARM-software/CMSIS_5/blob/develop/Device/ARM/ARMCM55/Source/system_ARMCM55.c

## 7.8.2　检测 Helium

如果代码要在设备间移植，那么必须在运行时检查当前硬件是否存在 Helium。这可以通过媒体和 VFP 特性寄存器（Media and VFP Feature Register 1，MVFR1）来完成。该寄存器的位 [11:8] 表明了支持的等级，如下所示：

- `0b0000`——Helium 不可用。
- `0b0001`——Helium 可用（仅支持整型）。
- `0b0010`——Helium 可用（支持整型和浮点型）。

## 7.8.3　异常处理

实现了 Armv8.1-M 架构的处理器支持各种异常，包括一组系统异常和一组中断，通常被称为 IRQ。当一个异常事件发生并被处理器内核接受时，就会执行相应的异常处理程序。向量表用来确定异常处理程序的开始地址。向量表在内存中是一个数组，数组元素的大小为一个字，每个字代表一种异常类型处理程序的开始地址。

当一个异常发生时，CPU 硬件会自动将寄存器 `R0`～`R3`、`R12`、`LR`、`PC` 和程序状态寄存器（Program Status Register，PSR）压入栈中。是压入进程栈（由 PSP（Process Stack Pointer）指向）还是压入主栈（由 MSP（Main Stack Pointer）指向），取决于正在运行的代码。通常，称这压入栈中的 8 个字大小的数据块为栈帧。根据 AAPCS，这些特定的寄存器被压栈的原因是其为调用者保存寄存器。此外，也会看到其被称为栈帧的整数调用者保存段。自动压栈可以减少中断延迟并使能额外的优化，比如末尾连锁。压栈后，栈指针立刻指向栈帧的最低地址。Armv8-M 要求栈帧是双字对齐的，如果有必要的话，处理器会自动递减栈指针，以强制满足该要求。

当使用浮点或 Helium 代码，或者如果异常引起了安全状态的改变时，处理器也许会自动压栈额外的寄存器，以形成一个扩展栈帧。回顾一下，FPU 寄存器和 Helium 矢量单元是共享的。具体要做什么，取决于一个控制寄存器中的状态位。如果当异常发生时 `CONTROL.FPCA` 是 1，那么浮点上下文可能为如下形式：

- 压栈浮点上下文。
- 在栈中为浮点上下文保留空间，这叫作“惰性”浮点上下文保留。

当选择了惰性上下文保留，只有当异常处理程序执行浮点（或 Helium）指令时，浮点寄存器才会被压入栈中。这意味着，当异常处理程序不需要浮点或 Helium 代码执行时，避免了非必要的内存访问。标准 Armv8-M 的异常栈帧格式被改进，以便 VPR 被存储在 FPSCR 上面，也就是之前保留的位置，如图 7-5 所示。

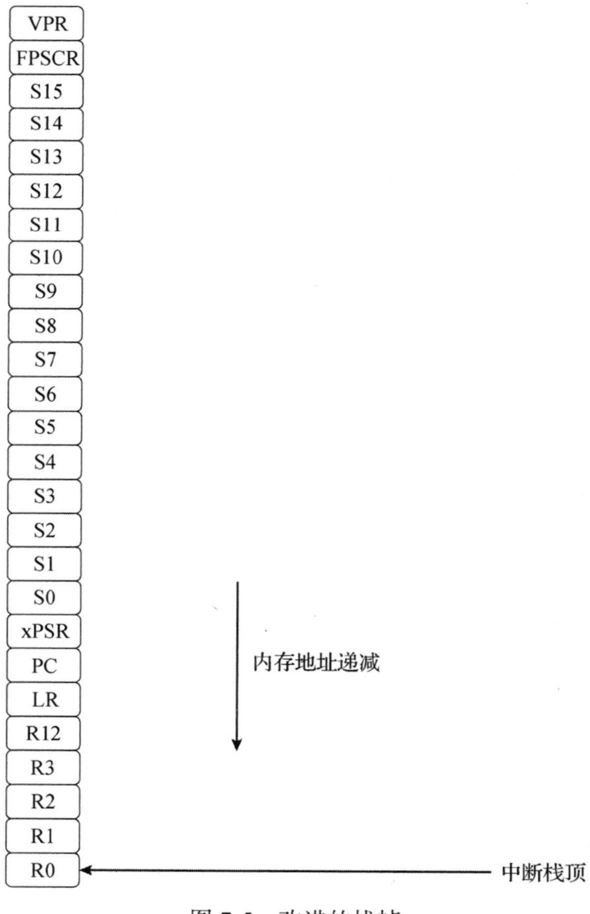


图 7-5 改进的栈帧

Helium 会造成一个复杂的情况，即异常有可能发生在按矢令块执行的矢量指令的执行过程中。也就是说，异常发生时可能有多条部分已经执行完的指令，而异常返回地址总是指向最旧的未完成的指令。

RETPSR.ECI 的值存储在异常栈帧中，该值给出了关于返回地址的指令有多少矢令块已经被执行以及随后的指令有多少矢令块已经被执行的信息。ECI[7:0] 域等于 EPSE[26:25, 11:10, 15:12] 域。

ECI[7:0] 域的可能值为：

- 0b00000000——没有执行完的矢令块。
- 0b00000001——执行完的矢令块 A0。
- 0b00000010——执行完的矢令块 A0 A1。
- 0b00000011——保留。
- 0b00000100——执行完的矢令块 A0 A1 A2。
- 0b00000101——执行完的矢令块 A0 A1 A2 B0。
- 0b0000011X——保留。
- 0b00001XXX——保留。

在上面的列表中，字母对应于返回地址的指令（A）和随后的指令（B），数字显示的是指令的哪些矢令块已经执行完。例如，A0 A1 A2 B0 表示返回地址的指令的前三个矢令块和随后指令的第一个矢令块已经执行完。

**中断延迟**

一个 DSP 系统必须有能力对外部设备做出响应。例如，ADC 或者其他外设可以利用一个中断信号向 DSP 表明需要采取行动。DSP 对于中断响应所花费的最长时间被称为中断延迟，当计算特定采样率所需的处理能力时，需要考虑中断延迟。

中断延迟取决于几个因素，在不同架构间可能有所不同，一般包括以下几个或全部因素：

- 完成待处理内存传输的时间。
- 必须被中断处理代码刷新和重填的指令流水线的长度。
- 在使用了可重入中断（即允许高优先级中断打断低优先级中断）的系统中，禁止进一步中断的时长。

Armv8-M 架构包括许多特性（例如自动压栈、末尾连锁、中断的硬件优先级和抢占），可用于减少中断延迟。Helium 提供了实现诸如紧凑循环特性的能力，不需要禁止中断，这可能是相比于专用 DSP 内核的一个显著优点。还有可以中断多矢令块指令并在异常处理后继续执行的能力，这意味着使用 SIMD 或矢量不会对中断延迟产生影响。

## 7.9 问题

1. CMSIS 是什么？
2. 为了使能自动矢量化，需要将编译器指定为什么样的优化等级？
3. 原语函数是什么？

# 第 8 章
# 性能和优化

在大多数情况下，对系统的性能有所了解是很有用的。例如，这样做可以改善用户体验，也可以证明始终满足某些实时约束，还可以通过提高效率来降低功耗。性能分析可以发掘出提升效率的方法及对潜在的问题进行预防。不应该仅在出现问题时才进行性能分析。

重要的是要专注于评估整个系统的性能。尽管在执行某一特定应用程序时可能会出现问题，但在通常情况下，导致问题的瓶颈位于该段代码之外的硬件或软件组件中。同理，性能优化在尽可能接近真实系统的情况下进行才是最好的。

大多数系统将大部分时间用于执行总代码库中相对较小的一部分。(这种情况特别符合 Pareto 原理，即 20% 的代码占用了 80% 的 CPU 时间)。因此，需要使用工具来识别出最适合优化的代码的位置。分析工具帮助程序员识别哪些代码段执行得最频繁，哪些代码段执行时间最长。分析工具还可以让程序员定位性能受特定功能限制的瓶颈。具体的性能数据可以通过软件检测、执行跟踪或基于时间的采样来收集。值得注意的是，在某些情况下，当识别出效率低下的代码段后，应该优先考虑是否需要改变算法而不是尝试提升现有代码的速度。

本章将研究可用于分析和评估 Helium 代码性能的硬件和工具。此外，还将介绍 CPU 内存系统对性能的影响，以及指令重叠对执行周期计数的影响。

## 8.1 代码剖析和性能评估

为了了解代码的性能，需要使用一些测量代码性能的方法。这些方法既可以像秒表或代码中的 `printf()` 语句一样简单，也可以像操作系统提供的分析工具或外部的时钟周期跟踪硬件那样复杂。实现了 Helium 的 Arm CPU 包含一些内置的硬件，可专门用于开发人员评估代码的性能。

收集数据主要有两种方法。一种是在固定时间间隔对系统状态进行采样。可以简单地记录当时正在执行的函数，并且随着时间的推移构建剖析数据。较小的采样间隔将产生更详细的数据，但（如果采样是基于软件的）可能会增加代码的执行时间。另一种方法是根据事件的发生进行采样。在复杂的系统中，可能需要对可分析信息的捕获进行控制，以专注于感兴趣的区域并避免捕获大量无用的数据。分析工具通常会提供诸如调用图（显示每个函数被调用的频次）和平面剖析（显示特定函数所耗时长）的信息。

某些 Arm Cortex-M CPU（包括 Cortex-M3、Cortex-M4 和 Cortex-M7）具有数据观察点和跟踪（Data Watchpoint and Trace，DWT）单元的实现，提供的功能包括计算时钟周期和事件，例如指令执行、异常等。这个功能最早是由 Arm Cortex-A CPU 上的性能监测单元 PMU 提供的。在 Cortex-M CPU 中，电源管理单元也称为 PMU，因此请注意不要将两者混淆。DWT 单元中具体还有哪些功能由 CPU 实现人员决定。

系统定时器提供了一种简单的代码基准测试方法，特别是在裸机系统中，或者在操作系统不提供任何剖析工具的情况下。程序员可以使用适当的指令使能定时器，运行要检查的代码，然后停止定时器并查看时钟周期计数的信息。此时定时器仅显示执行代码所花费的时间，而不能直接定位到任何性能瓶颈所在的位置。

可选的嵌入式跟踪宏单元（Embedded Trace Macrocell，ETM）硬件提供的跟踪功能能够提供适合于基准测试的更高级别的信息。它们允许对代码进行高级别剖析，例如，提供显示 CPU 在程序的每个函数中花费了多少周期的计数信息，以及针对这些函数更细粒度的剖析信息。ETM 提供精确的时钟周期跟踪数据，显示每条指令的执行情况。它可以产生的数据量意味着它需要软件工具来控制收集哪些数据，并以程序员可以使用的形式提供可视化的结果。

Streamline 性能分析器是用于性能分析的 Arm 软件解决方案，支持 ETM 和其他硬件。它主要针对裸机和实时操作系统（Real-Time Operating System，RTOS）做性能分析。它可用于定位系统中的性能热点并了解可以对关键代码部分进行哪些更改，以及观察代码修改带来的性能效果。它还允许改进电源管理框架并支持多核系统。

### 8.1.1 Helium 性能计数器和比率

Armv8.1-M 架构中添加的一项新特性提供了对 PMU 功能的支持，与 Cortex-A 处理器中的类似。这是通过扩展 DWT 单元中的剖析计数器实现的。尽管剖析计数器在物理上是同一个（因此调试工具不能同时使用 PMU 和旧的 DWT 特性），但它们使用不同的内存地址进行访问。PMU 允许剖析代码对 CPU 进行诸如缓存命中率、缓存未命中率和流水线停顿之类的数据监测。

PMU 提供了一种非侵入式方法来收集 CPU 执行信息，因为即使使能它也不会以任何方式影响后续代码的执行时间。

PMU 提供了一个时间周期计数器，用于计算执行时间周期数（该计数器是一个可选的 1/64 分频器）。它还提供了一组计数器用来记录事件的发生次数。事件数量和可以计数的事件类型在不同内核之间有所不同，因此有必要参阅正在使用的特定 CPU 的技术参考手册以及 Arm 架构参考手册来了解详情。通常可以计数的事件包括诸如已执行的指令数、缓存命中或未命中等。PMU 也可配置为在计数器溢出时产生中断。例如，如果计数值超过 32 位寄存器所能存储的范围，就会产生相应的中断。

通常，为了得到所需的优化参数，组合来自多个计数器的信息是必要的：例如，计算时钟周期总数和已执行的指令总数以得到每条指令执行所需时钟数（Clocks Per Instruction，CPI）统计图，或存储器访问的总数和缓存命中数以得到缓存命中率统计图。

表 8-1 显示了 PMU 寄存器及其对应的地址和说明。CMSIS-Core 包含所有 PMU 寄存器的定义，因此无须引用它们的固定内存地址即可对其进行访问。表中有多达 30 个这样的寄存器，其名称以 n 结束（即一个实现的计数器对应一个寄存器）。这些寄存器的地址相隔 4 字节（即 `PMU_EVCNTR0` 在 `0xE0003000`，`PMU_EVCNTR1` 在 `0xE0003004`，以此类推）。

表 8-1　PMU 相关寄存器描述

| 地址 | 寄存器名 | 类型 | 描述 |
|---|---|---|---|
| 0xE0003000 | PMU_EVCNTRn | 可读 / 写 | PMU 事件计数寄存器 |
| 0xE000307C | PMU_CCNTR | 可读 / 写 | PMU 时钟周期计数寄存器 |
| 0xE0003400 | PMU_EVTYPERn | 可读 / 写 | PMU 事件类型及过滤寄存器 |
| 0xE000347C | PMU_CCFILTR | 可读 / 写 | 保留为 0 |
| 0xE0003C00 | PMU_CNTENSET | 可读 / 写 | PMU 计数使能设置寄存器 |
| 0xE0003C20 | PMU_CNTENCLR | 可读 / 写 | PMU 计数使能清除寄存器 |
| 0xE0003C40 | PMU_INTENSET | 可读 / 写 | PMU 中断使能设置寄存器 |
| 0xE0003C60 | PMU_INTENCLR | 可读 / 写 | PMU 中断使能清除寄存器 |
| 0xE0003C80 | PMU_OVSCLR | 可读 / 写 | PMU 溢出标志状态清除寄存器 |
| 0xE0003CA0 | PMU_SWINC | 只写 | PMU 软件加增寄存器 |
| 0xE0003CC0 | PMU_OVSSET | 可读 / 写 | PMU 溢出标志状态设置寄存器 |
| 0xE0003E00 | PMU_TYPE | 只读 | PMU 类型寄存器 |
| 0xE0003E04 | PMU_CTRL | 可读 / 写 | PMU 控制寄存器 |

软件读取出 `PMU_TYPE` 寄存器的值用以检查当前硬件中可用的 PMU 特性，例如，有多少个计数器。

- PMU_TYPE (RO, 0xE0003E00)

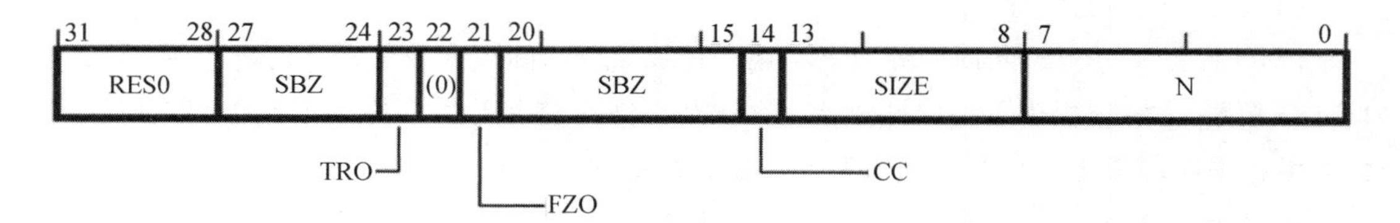


  - TRO，位 [23]——支持 Trace-on-overflow 特性。该位读出来的值为 1。
  - FZO，位 [21]——支持 Freeze-on-overflow 特性。该位读出来的值为 1。
  - CC，位 [14]——包含时钟周期计数器。该位读出来的值为 1。
  - SIZE，位 [13:8]——计数器的大小。该域读出来的值为 0b01111，表示 PMU 硬件中实现了 PMU_CCNTR 和 31 个事件计数器。
  - N，位 [7:0]——除时钟周期计数器（PMU_CCNTR）外，PMU 硬件实现的计数器个数。读取的这个数值为自定义值。

PMU_CTRL 寄存器是软件用来重置和使能计数器，以及控制跟踪特性的。

- PMU_CTRL (RW, 0xE0003E04)

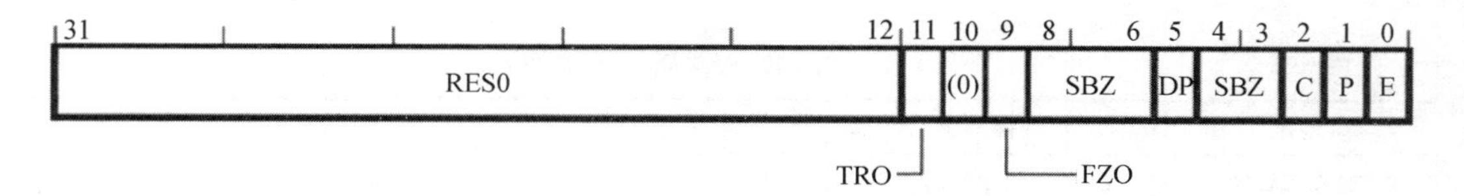


  - TRO，位 [11]——使能 Trace-on-overflow。当该位为 1 时，只要前 8 个计数器中的任意一个计数值溢出（超过 8 位二进制数表示范围），便会使能跟踪特性。
  - FZO，位 [9]——使能 Freeze-on-overflow。当该位为 1 时，一旦 PMU_OVSCLR 或 PMU_OVSSET 不为 0，PMU 将会停止对相应事件进行计数。
  - DP，位 [5]——当事件计数器被禁用时禁止使用时钟周期计数器。该位是 DWT_CTRL.CYCDISS 位的别名。
  - C，位 [2]——重置时钟周期计数器。重置 PMU_CCNTR 计数器；不将 PMU_CCNTR 的溢出位清除为 0。该位是只写的，对其进行读操作返回 0。
  - P，位 [1]——将所有事件计数器（不包括 PMU_CCNTR）重置为 0。重置事件计数器不会将任何溢出位清除为 0。该位是只写的，对其进行读操作将返回 0。
  - E，位 [0]——当该位为 0 时，所有计数器（包括 PMU_CCNTR）都被禁用；当该位为 1 时，所有计数器由 PMU_CNTENSET 使能。

PMU_EVCNTR 寄存器用于访问实际计数值。

- PMU_EVCNTR

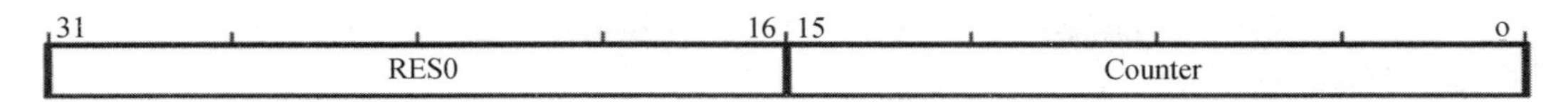


  - 计数器，位 [15:0]：
    - 事件计数器 n，用于每当发生选定事件时对选定事件进行计数。
    - 事件计数器 n 的值，其中 n 是该寄存器的编号取值范围是 0～30。该计数器的大小为 16 位。

PMU_EVTYPER 寄存器用于配置每个计数器应计数的事件类型。可以计数的事件列表是由特定 CPU 实现所决定的，但也有一些是架构要求必须实现的事件。

- PMU_EVTYPER

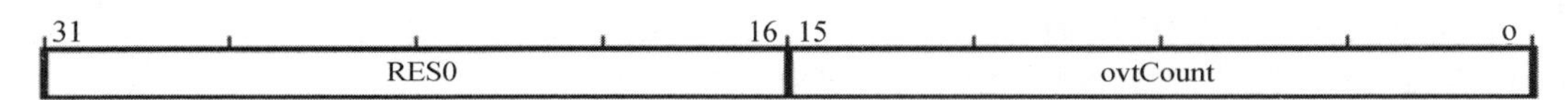


  - evtCount，位 [15:0]：
    - 要计数的事件类型编号。该事件的发生次数由事件计数器 PMU_EVCNTR<n> 来计数。
    - 如果相关计数器不支持写入该寄存器的事件编号，则读回的值是未知的。

有一组 PMU 计数控制寄存器，用于使能或禁用单个计数器并控制其中断和溢出行为。它们都有相似的格式，每个事件计数器对应一个位，并且第 31 位用于控制周期计数器。

- PMU_CNTENSET/PMU_CNTENCLR（计数使能设置 / 清除寄存器）
  - 用于设置和清除每个计数器的使能位。
- PMU_OVSSET/PMU_OVSCLR（溢出标志状态设置 / 清除寄存器）
  - 表示对应计数器的位在发生溢出时会被自动设置。
  - 要重置时，需要向该寄存器（PMU_OVSCLR）的事件溢出位写入 1 以清除标志。
- PMU_INTENSET/PMU_INTENCLR（中断使能设置 / 清除寄存器）
  - 用于设置和清除每个计数器的溢出中断使能位。

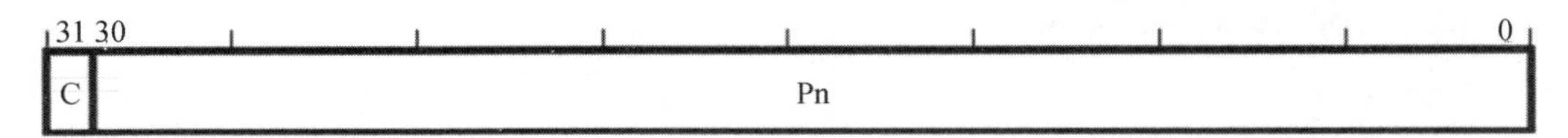


  - C，位 [31]——PMU_CCNTR 位。
  - Pn，位 [30:0]
    - 对应事件计数器 PMU_EVCNTR<n> 位。
    - 位 [30:*N*] 是读为零，写忽略，这里 *N* 表示已实现的事件计数器的个数，即寄存器 PMU_TYPE.N 的值。

Armv8.1-M 架构参考手册的 B.14.7 节列出了可以计数的已支持的事件类型，此处不再对其进行介绍。同时该架构参考手册 B.14.8 节和 B.14.9 节提供了有关具体事件计数内容的更多详细信息。

PMU 支持的事件有两种类型。一类是涉及与“架构”相关的事件，这类事件在不同的硬件实现中行为是一致的。例如，当执行特定的代码段时，不同实现中执行的指令数是相同的，分支数、加载数等也是一样的。另一类则与具体的“微架构”实现相关，这类事件会展示具体实现的细节，例如缓存未命中的数量或执行一段代码所用的时钟周期数。

如果要对事件之间再做进一步区分，可将事件类型分为必须实现的事件以及可选实现的事件。例如，允许矢量加载推测执行的处理器可能选择为此实现对应的计数器，但架构兼容的实现可以选择不这样做。在必需的 PMU 事件列表中，还有某些限制条件（例如，未实现 L1 统一缓存或数据缓存的处理器不需要计算发生多少次缓存行填充事件）。具体的 CPU 实现还可以提供它们针对自己实现的附加事件。

CMSIS-Core 为 PMU 提供了支持。CMSIS/Core/Include 目录下有头文件 `pmu_armv8.h` 和 `core_armv81ml.h` 或 `core_cm55.h`，这些头文件中描述了 PMU 的相关定义。为了使用上述头文件中的 PMU 特性，用户需要在 CMSIS 设备头文件中定义宏 `__PMU_PRESENT` 和 `__PMU_NUM_EVENTCNT`。例如：

```
#define __PMU_PRESENT 1U                /* PMU存在 */
#define __PMU_NUM_EVENTCNT 31U          /* PMU事件计数器的数量 */
```

Linux 操作系统提供了如 Perf 这样的内核工具，这些工具可以在更复杂的系统中使用 PMU 计数器生成有用的数据。而在嵌入式系统中，可能需要使用调试器直接访问计数器，或通过在应用程序中包含相关代码，以使能计数器并产生相应的结果。在此示例中，将使用 CMSIS Core 提供的 PMU 函数计算时钟周期、执行的指令数、L1 数据缓存未命中数，并使用软件加增计数器（`SW_INCR`）。

```
// 初始化计数器变量
 unsigned int cycle_count = 0;
 unsigned int l1_dcache_miss_count = 0;
 unsigned int instructions_retired_count = 0;
 unsigned int sw_increment = 0;

/*使能PMU */
 ARM_PMU_Enable();

 /*
  *  配置事件计数器0对指令引退计数
  *  配置事件计数器1对L1数据缓存读未命中数计数
 */

 ARM_PMU_Set_EVTYPER(0, ARM_PMU_INST_RETIRED);
 ARM_PMU_Set_EVTYPER(1, ARM_PMU_L1D_CACHE_MISS_RD);
```

常量 ARM_PMU_INST_RETIRED 和 ARM_PMU_L1D_CACHE_MISS_RD 指定希望计数的事件所对应的标号。它们的标号值（分别为 0x8 和 0x39）定义在 CMSIS 内核中。现在已经完成了对计数器的设置，可以开始使用它们了。在运行要进行基准测试的代码前，首先将计数器重置为零，然后使能它们开始计数。

```
// 复位事件计数器和周期计数器
   ARM_PMU_EVCNTR_ALL_Reset();
   ARM_PMU_CYCCNT_Reset();

// 使能周期计数器
// 和事件计数器0、1、2

ARM_PMU_CNTR_Enable(PMU_CNTENSET_CCNTR_ENABLE_Msk|PMU_CNTENSET_CNT0_ENABLE_Msk|PMU_
CNTENSET_CNT1_ENABLE_Msk|PMU_CNTENSET_CNT2_ENABLE_Msk);
```

现在可以执行要分析或做基准测试的代码了。代码执行完成后，需要停止计数器并从 PMU 读取计数结果。

```
      /*
         执行任何想要分析或做基准测试的代码
      */

   // 停止周期计数器和
   // 事件计数器0、1

ARM_PMU_CNTR_Disable(PMU_CNTENCLR_CCNTR_ENABLE_Msk|PMU_CNTENSET_CNT0_ENABLE_Msk|PMU_
CNTENSET_CNT1_ENABLE_Msk);

   // 通过软件增加事件计数器2的计数

      ARM_PMU_CNTR_Increment(PMU_SWINC_CNT2_Msk);

   // 读取周期计数、指令引退计数、
   // L1数据缓存读未命中数，
   // 以及软件中手动增加事件计数器2的次数

      cycle_count = cycle_count + ARM_PMU_Get_CCNTR();

     instructions_retired_count = instructions_retired_count + ARM_PMU_Get_EVCNTR(0);


l1_dcache_miss_count = l1_dcache_miss_count + ARM_PMU_Get_EVCNTR(1);

sw_increment = sw_increment + ARM_PMU_Get_EVCNTR(2);
```

架构参考手册的 B.4.10 节列出了 PMU 需要支持的计数器。这些通用事件类型提供了大量可以被使用的有用的信息，因此这里将对它们进行更深入的研究。

用户通常会首先使用时钟周期计数器开始测量工作，一般来讲，执行特定代码段需要的时钟周期数是一个非常有用的信息。通过查看周期计数，可以确定程序中哪一部分花费了最多的时间以及优化工作在什么地方进行最有效。然而，时钟周期计数器本身无法提供太多关于正在发生的事情的原由信息。

事件类型 0x000 称为 SW_INCR。这是一个软件控制的计数器（该计数器与大多数其他计数器不同，它不是严格意义上的非侵入性的，因为它需要对代码做一些修改才能使用）。在处理器上运行的软件可以通过写入 PMU_SWINC 寄存器来增加计数器的计数。由程序员决定如何使用它。例如，它可以用于计算已处理数据的帧数，或对发生的特定错误情况进行计数。

事件类型 0x023（STALL_FRONTEND）和 0x024（STALL_BACKEND）可用于计数未发出操作的情况。这可以辅助定位出每个时钟的指令数低于预期的代码位置以及可能存在优化空间的位置。

8.3.1 节中将简要介绍与缓存相关的性能问题。事件 0x003（L1D_CACHE_REFILL）和 0x004（L1D_CACHE）为优化代码的缓存性能提供了强有力的依据。通过结合这些测量数据（缓存访问次数和缓存行填充次数），可以了解与内存中的代码和数据结构相关的缓存命中 / 未命中率。

有两个与 Helium 代码特别相关的强制性事件。事件 0x200（MVE_INST_RETIRED）允许我们计数已执行的 Helium 指令的数量。事件 0x201（MVE_LDST_RETIRED）计数 Helium 加载和存储的总次数。

有许多可选实现的事件（如果存在）可用于提供关于 Helium 代码中性能问题原因的更详细信息。例如，事件 0x2CC（MVE_STALL）计数由 Helium 指令引起的停顿时钟周期数。还有一些事件提供了更详细的信息来指出可能的问题，例如，事件 0x2D4（MVE_STALL_DEPENDENCY）计数由 Helium 寄存器依赖性引起的停顿次数，即一条指令由于等待上一条指令中使用的寄存器可用而引起的停顿次数。

计数器计数值的比率也很有用。例如，可以查看加载和存储的比率（通过计算 MVE_LDST_RETIRED，它给出了 Helium 加载和存储的总数，以及 MVE_LD_RETIRED，它只计数 Helium 加载的次数）。同样地，可以查看 MVE_LD_CONTIG_RETIRED/MVE_LD_RETIRED 来测量相对于总加载数的连续加载数。

### 8.1.2 嵌入式跟踪宏单元

Cortex-M 微控制器包括大量的调试功能。外部调试器可以使用 JTAG 或单线接口连接到芯片。通常，这是通过调试适配器设备（例如 Keil ULINK2）完成的，将该设备插入运行调试器的计算机上的 USB 端口。这使得用户能够将代码下载到设备、启动和停止程序执行、逐行执行代码并设置断点，以便程序执行到选定的代码行处时停止。还可以检查和更改内存及处理器寄存器并创建观察点（使得处理器在访问某个内存位置或外围设备时停止）。许多 Cortex-M 微控制器还提供跟踪功能，允许从代码中实时收集信息，其中可能包括整个程序的执行历史记录，某些数据值的跟踪等。当尝试调试与实时事件的交互相关的问题时，或者停止代码执行以调试不可行的代码部分时（例如，电机控制应用程序），跟踪功能可能是一个重要特性。设备中包含的具体特性由硬件设计人员配置。

为了调试包含 Helium 指令的代码，有必要使用能够识别新指令、特殊寄存器等的调试工具。用于以前的 Cortex-M 设备的调试器可能需要升级到较新的软件版本。

## 8.2 性能考量

有一些常规注意事项适用于分析基准测试结果或剖析 Arm CPU 上的代码。由于 Helium 可能部署在对性能敏感的领域，因此很有可能对此类代码进行剖析，所以从简单的事情开始考虑是有意义的，其中包括：

- 系统配置——许多 Arm CPU 包含复位后默认禁用的硬件，但这会显著影响性能。例如，引导代码可能需要使能缓存、内存预测单元或分支预测等功能。如果关闭这些功能，则时钟周期计数可能会显著增高。如果系统采用与最终目标不同的配置进行分析，则可能会得到误导性结果。
- 裸机与操作系统（Operating System，OS）——与在操作系统下运行相同代码相比，单独对小代码段进行基准测试或剖析可能会产生误导性结果。例如，与在禁用异常的情况下分析相同代码相比，中断处理可能会导致对缓存内容的更改，从而显著影响时钟周期计时。
- 使用半主机库函数调用——在初始开发阶段，程序员可能会使用标准 C 库函数（例如，`printf()` 或文件输入 / 输出函数），这些函数可能不会用在最终设计中，或者尚未移植到目标上。这些库函数由调试器处理，并且可能需要数千个额外的周期来执行。而对使用这些库函数的代码进行基准测试可能会产生误导性的结果。

考虑用于基准测试 / 剖析的系统状态也很重要。显然，最终的量产硬件将提供最好、最准确的结果。但是，它很可能在开发后期才可用，因此大多数情况下，最好在此之前就测量代码性能。在某些情况下，可能会有基于微控制器设计的开发板可用，该设计将会用于最终产品。该开发板可能缺少某些特性或外设，或者可能没有相同的存储器映射，但足够接近最终设备以提供有用的结果。使用这样的开发板可能是在量产设备可用之前执行基准测试的好方法。

## 8.3 性能和 Cortex-M 内存系统

当程序员为系统开发优化过的 Helium 代码时，需要了解内存系统对于性能产生的影响。从内存读取数据（或将数据写入内存）所花费的周期数会对系统性能产生非常重要的影响。在某些系统中，外部存储器将增加大量的“等待状态”，这意味着访问速率会很慢。因此，放置数据和代码到系统内部变得很重要。

许多基于 Cortex-M 的微控制器设备支持使用缓存或内部紧耦合内存（TCM）（内存映射区域，处理器本地专用的 RAM），与外部存储器相比，这些存储器可以提供非常快的访问速率，因此理解正确使用这些存储器的方法是很重要的。基于 Armv8.1-M 架构实现的处理器有许多内存系统的实现方案。它们可能没有缓存、统一缓存或者单独的（哈佛）指令或数据缓存。同理，它们可能有一块或者多块 TCM，或者它们有一个 MPU，MPU 负责检查所有地址访问权限的指令和所有访问的内存属性。

### 8.3.1 缓存

缓存是一种小型快速的内存，通常位于 CPU 和主存之间。它持有存放在外部存储器的指令和数据的备份。它的优点是访问缓存比访问主存更快（花费更少的时钟周期）。缓存仅包含一部分主存内容，因此它同时保存了在主存中的地址和相应的数据内容。当 CPU 需要访问具体的地址时，它会首先在缓存中查找。如果它在缓存中找到该地址，则将使用缓存的数据，而不再去尝试访问外部存储器。该技术通过提供更快的访问代码和数据的方式，显著地提升了系统的整体性能。它还可以通过减少外部存储器的访问次数，降低对整体系统能耗的需求。

只有某些特定的 Cortex-M CPU 会选择实现缓存。虽然缓存大小与某些系统中的内存大小相比而言相对较小，但与 CPU 本身相比，可能会大好几个数量级。因此，在小型微控制器设备上添加缓存的成本可能相对偏高。此外，只有当内存系统相对于 CPU 较慢时，缓存才会提高系统性能。对于许多 Cortex-M 系统而言，当访问存储器的速率和 CPU 运行的时钟速率比较接近时，缓存可以带来的收益可能不大。另一个关于增加缓存的更大的缺点就是这将导致程序执行时间可能是不确定的。因为缓存只会持有主存内容的子集，应用程序通常不可能保证在缓存中找到对应具体地址的指令或数据。这也就意味着执行一段代码的时间会因时而异。

缓存架构通常是哈佛结构，也就是说，只能从指令缓存中获取指令，并且只能从数据缓存中读取和写入数据。但是，该架构也可以实现统一缓存（即同时持有指令和数据）。

仅当程序在一段时间内重复使用相同地址的内容（时间局部性）或者当程序使用在内存中地址紧挨着的指令或者数据时，缓存才会有助于提升程序的执行效率。以上两种场景通常对于使用 Helium 的 DSP 和 ML 函数是的确存在的。正如所看到的，这类代码往往很依赖于循环，这也意味着重复执行相同的代码。此外，这类代码还经常重复或连续访问数据。综上所述，通常可以使用缓存使得这类算法运行得更快。即使不使用缓存，也要密切关注数据在内存中的布局，这可以显著提升性能。

使用缓存的影响之一是应用程序通常不能依赖于驻留在缓存中的一段特定代码段或者

一块数据。(即使程序本身确实使用了缓存，中断处理程序也可能修改缓存的内容。) 因此，代码执行的时间可能会以看似不确定的方式产生很大的差异。修改代码可能会移动代码在内存中存放的位置并且可能改变缓存行为。同理，更改数据缓冲区的位置可能改变缓存行为以及代码的执行时间。在进行性能调优的时候，能意识到这些影响会很重要。例如，使用缓存将导致在裸机上运行的代码时间周期与在操作系统上运行的不一样。同理，在剖析代码时，使能或关闭中断，可能会改变缓存行为。

一般来讲，通过使能缓存并尽可能利用缓存可以获取最佳性能。通过确保关键的代码段及相应数据放置在缓存中，将产生最佳性能。这可能意味着将频繁被访问的数据一起紧挨着放在内存中。从内存中获取一个数据值意味着读取一整行（缓存行）数据到缓存中，因此按顺序访问数据将获得最佳的性能。例如，执行代码去按行访问数组中数据的速度可能要比按列访问快。稀疏数组使用缓存的效率可能低于打包数组。

性能监视器能够产生缓存命中率，即缓存命中次数除以执行特定代码段期间的内存请求数。同理，缓存未命中率也可以被测量，甚至可以分别计算代码缓存命中率或未命中率、数据缓存读取以及数据缓存写入的命中率及未命中率。

在处理比缓存大小还大的数组时，选择使用循环切片的方法重写代码可能会起一定作用。例如，如果通过矢量乘法计算一个大矩阵，必须将数组中的每个元素与另一个数组中的每个元素相乘，简单的实现方式是将其中一个数组按行访问（可获取较好的缓存性能），但另一个数组按列访问，这就使得基本上每一次数组元素相乘都将存在一次缓存丢失。所以，要使用更多的循环以及更多的顺序访问来重构代码，以获取更优的性能。

### 8.3.2　紧耦合内存

紧耦合内存（TCM）是通过专用接口直接连接到处理器的存储器区域。它通常提供单周期访问，避免其他存储器可能存在的仲裁延时和延迟。与缓存不同，它是内存映射的，系统设计人员负责将特定代码段和重要数据静态映射并放置到 TCM 中。例如，它可以用于保存异常向量、中断服务程序或需要确定执行时间的时间关键控制循环。与缓存不同，TCM 提供快速的内存访问而不会损失确定性。

只有某些 Cortex-M 处理器可以选择包含 TCM。这通常可用作指令 TCM（它还支持对嵌入代码中的文字数据的数据访问）和数据 TCM（只能保存数据）。在那些支持 TCM 的处理器上，它们的大小（以及 TCM 是否存在）由微控制器的实现者决定，因此这在设备之间会有所不同。在某些情况下，TCM 可能有多个“组”，或者接口比 32 位更宽，从而允许每个周期访问多条指令或数据项。一些处理器支持通过专用接口直接访问 TCM。这允许直接内存访问（Direct Memory Access，DMA）将数据移动到 TCM 以供处理器使用。基于性能原因，通常使用链接脚本将常用数据存放在 TCM 中。

## 8.4 双矢令块微架构的性能考量

所有现代处理器实现都使用硬件流水线，以便处理器可以实现更大的指令吞吐量。这意味着在相同的硬件时钟周期上，具有简单三级流水线的处理器可以从内存中获取一条指令，同时解码一条指令，并执行另一条指令。通常，这对程序员是完全透明的。

在实现 Helium 的 Cortex-M 处理器中，Helium 指令与其他非 Helium 指令一起被正常获取，并且将有一个共用的流水线阶段来解码所有指令。但是，每个处理器实现可能有不同的流水线来执行 Helium 指令。可能有些处理器能够双发射 Helium 指令，有些处理器可能有专门的 Helium 内存加载 / 存储路径等。

正如在本书前面看到的那样，该架构允许指令按矢令块进行。这意味着可以在多个周期内执行 128 位宽的 Helium 操作。例如，实现中可以将这些指令重叠执行，以便可以并行执行矢量加载和 ALU 操作。CPU 微架构通常具有多个 Helium 并行执行单元。但是具体细节会因实现而异，例如，可能有用于浮点 / 乘法运算、矢量整数运算和加载 / 存储指令而实现的可单独执行的流水线。这样做的结果是使用来自不同组的交织指令将比使用相同流水线的重复指令执行得更快。通过对内部循环中的指令进行重新排序，有可能获得更好的性能。通常，希望 C 编译器能够识别到这种场景并相应地调整指令。不过。在使用原语函数或查看编译器输出时，理解这种行为是很有用的。

例如，代码序列

```
VLDRW
VLDRW
VMLA
VMLA
```

的执行速度通常比交织后的相同的指令慢，例如：

```
VLDRW
VMLA
VLDRW
VMLA
```

通过避免连续加载 / 存储或连续的 ALU（或乘法器）操作，可能会获得最佳性能。通常最好让这些操作交替执行。

一般来说，通常最好避免混合矢量和标量指令，但是可以通过在相同类型的两个矢量运算之间（例如，在两个 VLDR 之间）插入不依赖于先前矢量指令的标量指令来提高性能。

CPU 实现之间的指令延迟可能不同（并且可能并不总是在文档中给出）。时钟周期延迟可能是由于连续指令之间的寄存器依赖关系使处理器停顿或阻止矢量指令的重叠而发生的。当数值在标量寄存器和矢量寄存器之间移动时，可能会发生这种情况（例如，将数值从内存加载到标量寄存器中，然后将该标量寄存器用作后续矢量指令的输入）。

使用 VIDUP 或 VDDUP 生成离散 / 聚合偏移在 Cortex-M55 中有一定的延迟，因此如果在实际加载或存储之前提前完成两条或更多此类指令，则可以获得更好的性能。

## 8.5　性能示例

接下来将展示一些代码，这些代码中采用两个复数数组，将每个复数矢量乘以另一个复数矢量，并生成一个包含复数结果的数组。复数数组中的数据以交织方式存储（实数、虚数、实数、虚数……以此类推）。参数 numSamples 表示处理的复数样本的数量。

基础算法是很容易理解的。对于每对复数 $(a + b\mathrm{i})$ 和 $(x + y\mathrm{i})$，将计算 $(ax - by) + (ay + bx)\mathrm{i}$。简单的非矢量化 C 代码如下所示：

```
for (n = 0; n < numSamples; n++) {
    pDst[(2*n)+0]=pSrcA[(2*n)+0] * pSrcB[(2*n)+0] - pSrcA[(2*n)+1] * pSrcB[(2*n)+1];
    pDst[(2*n)+1]=pSrcA[(2*n)+0] * pSrcB[(2*n)+1] + pSrcA[(2*n)+1] * pSrcB[(2*n)+0];
}
```

其中 pSrcA 指向第一个输入数组，pSrcB 指向第二个输入数组，pDst 给出输出的位置，numSamples 给出每个数组中的样本数。

C 编译器能够对此代码进行矢量化。它产生一个内部循环，该循环以 4 条 VLDRW.32 指令开始，加载 4 个矢量寄存器，每个寄存器包含 4 个浮点值。矢量寄存器中总共有 16 个浮点数，表示 8 个复数。每个循环迭代执行 4 条 VMUL 指令、1 条 VSUB 指令和 1 条 VADD 指令（表示 $ax - by$ 和 $ay + bx$ 计算）。然后再用两个 VSTR 指令来将结果写出。

但是，内部循环的指令总数为 41 条，而在 Cortex-M55 上执行完这一指令序列需要 51 个时钟周期。这是因为函数的第二行要求我们将矢量内不在同一通道中的元素相乘（这里需要将数组中偶数位置的实部分量乘以数组中奇数位置中的虚部分量）。这需要 29 条 VMOV 指令来对数据重新排序（有些数据的大小是 64 位的，其他的是 32 位的）。

假设分析表明此函数是系统中的瓶颈，并且也值得优化其速度。那么可以通过使用 Helium 原语函数重新实现来优化这段代码。

可以使用 vldrwq_f32 原语函数读取 128 位数据。每次迭代都会这样做两次，分别从 pSrcA 和 pSrcB 读取数据。其中，保存在两个 Helium 寄存器中的数据是交织的。

在没有对复数旋转的情况下，通过使用 vcmulq 原语函数，将第一个输入的奇数通道乘以第二个矢量的相应偶数分量。然后，将结果写入输出寄存器的奇数通道。接着，再将第一个矢量的偶数通道乘以第二个矢量的相应偶数通道，并将这些结果写入输出寄存器的偶数通道。

然后使用 vcmlaq_rot90 原语函数。它将对奇数通道和偶数通道中的数执行复数的乘加运算。在 vecDst 中将上一步中计算的值进行累加。对于虚数，因为 $(a + bi) \times (x + yi)$ 的虚部是 $ay + bx$，必须将乘法的结果加到前一个值上。对于实部，指令在执行第二次乘法时会将符号位翻转，因此结果为 $ax - by$。

最后，可以使用原语函数 vstrwq_f32 将输出矢量写入内存。

生成的代码如下所示：

```
void arm_cmplx_mult_f32 (float32_t * pSrcA, float32_t * pSrcB, float32_t * pDst,
uint32_t blockSize)
    {
    uint32_t blkCnt;
    float32x4_t vecA, vecB, vecDst;
    blkCnt = blockSize >>2;
    while (blkCnt > 0U)
        {
        vecA = vldrwq_f32(pSrcA);
        vecB = vldrwq_f32(pSrcB);
        vecDst = vcmulq(vecA, vecB);
        vecDst = vcmlaq_rot90(vecDst, vecA, vecB);
        vstrwq_f32(pDst, vecDst);
        blkCnt--;
        pSrcA +=4;
        pSrcB +=4;
        pDst +=4;
        }
    }
```

现在，这里的内部循环有 9 条指令。反汇编指令如下：

```
VLDRW.U32       Q0, [R0]
VLDRW.U32       Q1, [R1]
VCMUL.F32       Q2, Q1,Q0,#0
VCMLA.F32       Q2, Q1,Q0,#0x5a
VSTRW.32        Q2, [R2]
ADDS            R2, R2,#0x10
ADDS            R1, R1,#0x10
ADDS            R0, R0,#0x10
LE              LR, #-0x1e
```

可以通过删除 ADD 指令并使用后递增 VLDR 指令的变体来删除 3 条指令（每个循环需要 4 个时钟周期）。这意味着我们需要编写诸如 VLDRW.U32 Q0, [R0],16 类的指令。未来的编译器更新很可能能够自动执行该优化。

这一点可以通过创建汇编语言函数来实现。该函数如下所示：

```
    PUSH        {LR}
    WLSTP.32    LR, R3, loop_end
start:
    VLDRW.32    Q0, [R1],#16
    VLDRW.32    Q1, [R0],#16
    VCMUL.F32   Q2, Q1, Q0, #0
    VCMLA.F32   Q2, Q1, Q0, #90
    VSTRW.32    Q2, [R2]
loop_end:
    LE          LR, start
    POP         {pc}
```

使用时钟周期计数器（以及用于统计流水线停顿的 Cortex-M55 计数器），可以看到该代码仍有改进的余地。该循环需要 8 个周期来执行 4 个复数的乘法计算。这里有 2 条矢量加载指令，后面跟着 2 条复数乘法指令。2 条加载指令将使用相同的流水线（因此会导致停顿），并且 2 条乘法指令也使用相同的流水线（因此也会导致停顿）。正如 8.4 节中介绍的那样，如果可以交织这些指令的顺序，则可以提高代码性能。因此，如果需要，我们可以进一步优化。

由于复数乘法需要两个输入才能执行，因此不能简单地交换指令的顺序。相反，需要更早地安排加载指令。这可以通过预加载和展开使用一种称为加载调度的通用技术来实现。这不是 Helium 特有的，但值得理解，因为它通常很有用。

简单代码可能包含一个循环，其伪代码如下所示：

```
[loop with counter i]
{
[load data for iteration i]
[do work for iteration i]
}
```

将此代码修改为功能等效的形式，如下所示：

```
[load data for iteration 0]
[loop with counter i]
{
    [load data for iteration i+1 to temp]
    [do work for iteration i
    [set data for next iteration = temp]
}
```

可以通过展开循环并将第 $i$ 次的运算与 $i$+1 次的加载重叠来减少内存延迟。

为了将其应用于上述案例，将需要使用一个额外的矢量寄存器并进行展开循环，以便在每次迭代中有两对矢量加载和两对矢量复数乘法。

```
    VLDRW.32    Q0, [R1],16        // 用于第一次循环迭代的
    VLDRW.32    Q1, [R0],16        // 初始加载
    WLS         LR, R3, loop_end   // 通过移位得到的正确循环次数
                                   // 已存储在R3中
start:
    VCMUL.F32   Q2, Q0, Q1, #0
    VLDRW.32    Q3, [R1],16
    VCMLA.F32   Q2, Q0, Q1, #90
    VLDRW.32    Q1, [R0],16
    VSTRW.32    Q2, [R2],16
    VCMUL.F32   Q2, Q3, Q1, #0
    VLDRW.32    Q0, [R1],16
    VCMLA.F32   Q2, Q3, Q1, #90

    VLDRW.32    Q1, [R0],16
    VSTRW.32    Q2, [R2],16
    LE          LR, start
loop_end:
```

内部循环现在需要 12 个周期来执行 10 条指令（在 Cortex-M55 上）。每个循环执行的运算量是前面代码的两倍，所以这算是一个改进。在循环中执行 4 次 128 位加载和 4 次 128 位乘法，每次迭代提供 8 次复数浮点乘法。在 Cortex-M55 上，由于有 2 条 VLDRW 指令后面还是紧跟着 VSTRW，因此仍然存在 2 个周期的停顿，但这无法避免。其他 Armv8.1-M 实现的 CPU 可能不会存在该行为。时钟周期计数器统计显示，该代码的执行速度比原始的自动矢量化 C 代码快 7 倍左右。

## 8.6 问题

1. PMU 的功能是什么？
2. 为什么与在操作系统上运行相同代码相比，在裸机上分析代码会得到不同的结果？
3. 交织矢量加载指令和矢量算术指令是否总是会改善性能？

# 第9章 DSP基础

本章研究两个常见的DSP操作——矩阵的乘法与转置，以及FFT。本书并不是一本DSP教程，并且假定读者熟悉上述方法的基本概念。但是，在研究如何利用Helium特性快速、高效地实现上述操作之前，会简单地回顾一下这些操作的基础知识。本章和下一章将以CMSIS-DSP库中的代码作为参考。在大部分情况下，程序员可以使用这个代码库而不需要过于关注底层操作。

## 9.1 矩阵运算

许多信号和图像处理算法依赖于一系列矩阵基础变换的高效实现，这些变换包括矩阵和矢量的乘法、矩阵转置以及矩阵求逆。在这一节中，你可以看到Helium特性是如何显著地加速这些运算的。

### 9.1.1 矩阵乘法

之前的章节演示了一些用于计算两个输入数组点积的代码片段。这些代码实际上是将两个输入矢量相乘，即用一个矢量中的每个数值乘以另一个输入矢量中对应的数值，并将结果加到累加器中。

通常，我们是在处理二维矩阵中的数据。例如，在机器学习算法中，一个常见的需求是计算矩阵和矢量的点乘或者两个矩阵的点乘。在第12章中，你将会看到ML算法可能仅仅需要8位精度。因此，示例中将会使用Q7格式的数据。为了简单起见，本小节将研究矩阵-矢量乘积，因为它的原理同两个矩阵的乘法是相同的。

在研究代码之前，我们先考虑一下矩阵-矢量乘积是怎样计算出来的。

假设有一个矩阵 $\boldsymbol{A}$ 和一个矢量 $\boldsymbol{V}$。$\boldsymbol{A}$ 中列的数量必须等于 $\boldsymbol{V}$ 中行的数量。换句话说，如果 $\boldsymbol{A}$ 是一个 $m \times n$ 矩阵，乘积 $\boldsymbol{AV}$ 仅在 $\boldsymbol{V}$ 是 $n \times 1$ 列矢量的情况下有意义。乘积本身将会

是一个 $m \times 1$ 列矢量（即输入矩阵中行的数量等于输出结果中行的数量）。

一般的计算形式如下：

$$\boldsymbol{AV}=\begin{bmatrix} a_{11} & a_{12} & \cdots & a_{1n} \\ a_{21} & a_{22} & \cdots & a_{2n} \\ \vdots & \vdots & \ddots & \vdots \\ a_{m1} & a_{m2} & \cdots & a_{mn} \end{bmatrix}\begin{bmatrix} v_1 \\ v_2 \\ \vdots \\ v_n \end{bmatrix}=\begin{bmatrix} a_{11}\cdot V_1+a_{12}\cdot V_2+\cdots+a_{1n}\cdot V_n \\ a_{21}\cdot V_1+a_{22}\cdot V_2+\cdots+a_{2n}\cdot V_n \\ \vdots \\ a_{m1}\cdot V_1+a_{m2}\cdot V_2+\cdots+a_{mn}\cdot V_n \end{bmatrix}$$

可以看到，为了计算乘积矢量中的每一行元素，只需要简单地引入一组乘加操作。按照矩阵中的每一行进行操作，将行中的数据加载到一个 Q 寄存器中，将输入矢量中对应列中的数据加载到另一个 Q 寄存器中，然后使用矢量乘加指令进行计算。在处理 `Q7` 数据时，可以将 16 个数据放入一个寄存器中，这使得大量的计算并行化成为可能。此外，相较于一次只计算一行，可以一次性加载多行，每一行都使用相同的列矢量来进行乘法运算。这里仅仅展示了函数中与 Helium 相关的部分，所以函数和变量的声明都被省略了。

代码的第一部分初始化指针——这些指针指向输入矩阵的前 4 行和列矢量，并对 4 个累加器进行清零。

```
pMat0 = pMatSrc; pMat1 = pMat0 + numCols;
pMat2 = pMat1 + numCols; pMat3 = pMat2 + numCols;
pVec = pVecSrc;

acc0 = 0L; acc1 = 0L; acc2 = 0L; acc3 = 0L;
```

代码的内循环使用 `vldrbq_s8` 原语函数，从矩阵的第 0、1、2、3 行中各加载 16 字节到 4 个矢量寄存器中，同时从输入列矢量中加载 16 字节到另一个寄存器中。接下来，使用 `vmladavaq` 原语（`VMLADAV{A}{X}`）来执行 16 次乘法运算，即 `Q7` 定点矩阵数值与它们对应的列矢量中的元素的乘法运算，并且将各乘积累加。注意，这里不需要指定 `vmladavaq` 原语的数据元素的大小，因为编译器知道处理的是 `.S8` 数据。对矩阵的 4 行中的每一行都进行上述操作之后，更新矩阵中当前行的指针指向的下一个数据，同时对指向列矢量的指针也做同样的更新。

```
blkCnt = numCol >> 4;
while (blkCnt > 0U) {
      vecMatA0 = vldrbq_s8(pMat0);
      vecMatA1 = vldrbq_s8(pMat1);
      vecMatA2 = vldrbq_s8(pMat2);
      vecMatA3 = vldrbq_s8(pMat3);
      vecIn = vldrbq_s8(pVec, 0);
      acc0 = vmladavaq(acc0, vecIn, vecMatA0);
      acc1 = vmladavaq(acc1, vecIn, vecMatA1);
      acc2 = vmladavaq(acc2, vecIn, vecMatA2);
      acc3 = vmladavaq(acc3, vecIn, vecMatA3);

      pMat0 += 16; pMat1 += 16;
      pMat2 += 16; pMat3 += 16;
```

```
        pVec += 16;
        blkCnt--;
    }
```

可以看到，代码被展开，每次迭代执行 4 次乘加。这样可以减少连续加载矩阵行和输入矢量的开销。如果只有 1 个累加器的话，代码中就会有 2 个 vldrbq 和 1 个 vmladava，需要 4 个时钟周期。如果按照 2 个累加器来展开循环，则矢量需要 1 个 vldrbq，矩阵行需要 2 个 vldrbq，同时还需要 2 个 vmladava 原语，总共需要 6 个时钟周期（每个累加器 3 个时钟周期）。如果按照 4 个累加器来展开循环，则矢量需要 1 个 vldrbq，矩阵行需要 4 个 vldrbq，同时还需要 4 个 vmladava 原语，总共需要 10 个时钟周期（每个累加器 2.5 个时钟周期）。

输入矩阵中每一列都执行完计算之后，可以通过移位和饱和操作将结果转换成 Q7 数值并写到目标矢量中。之后，将指针更新为指向输入矩阵的后 4 行，重复前面的操作。代码中使用的 __SSAT() 函数是定义在 CMSIS 中的内联函数，该函数进行指定位数的有符号饱和运算，这里使用的是 8 位。

```
    *pDst++ = __SSAT(acc0 >> 7, 8);
    *pDst++ = __SSAT(acc1 >> 7, 8);
    *pDst++ = __SSAT(acc2 >> 7, 8);
    *pDst++ = __SSAT(acc3 >> 7, 8);
    pMatSrc += numCols * 4;
```

内循环能够在每次迭代中执行 64 次乘加运算，这意味着相较于标量代码有显著的加速效果。这是 Helium 技术的几个关键特性之一，它为在小型微控制器上实现机器学习神经网络算法提供了一系列新的可能性。

CMSIS-DSP 库中包含一系列矩阵函数。例如，arm_mat_mult_q15() 函数实现的 Q15 定点数据的矩阵乘法运算也是基于 Helium 技术，采取上述例子类似的方式实现的。它同时提供了 2×2、3×3、4×4 方阵的特殊优化版本，代码可参见 https://github.com/ARM-software/CMSIS_5/blob/master/CMSIS/DSP/Source/MatrixFunctions/arm_mat_mult_q15.c。

### 9.1.2 矩阵转置

在上面的代码中，可以看到 VMLADAVA 指令是如何在矩阵运算中并行化乘法运算的。除此之外，Helium 加载 / 存储特性也有助于高效地执行矩阵的转置。

考虑 4×4 的方阵：

$$\begin{bmatrix} a_{11} & a_{12} & a_{13} & a_{14} \\ a_{21} & a_{22} & a_{23} & a_{24} \\ a_{31} & a_{32} & a_{33} & a_{34} \\ a_{41} & a_{42} & a_{43} & a_{44} \end{bmatrix}$$

矩阵的转置需要重新排列矩阵的行和列，如下所示：

$$\begin{bmatrix} a_{11} & a_{21} & a_{31} & a_{41} \\ a_{12} & a_{22} & a_{32} & a_{42} \\ a_{13} & a_{23} & a_{33} & a_{43} \\ a_{14} & a_{24} & a_{34} & a_{44} \end{bmatrix}$$

原始矩阵在内存中以 16 个连续项的方式存储。例如，如果数据项是 32 位数据（整型、Q31 定点型或单精度浮点型），可以使用解交织（ `VLD4` ）操作将这 16 个数据项加载到 4 个 Helium 寄存器中，然后，使用 4 个 `VSTR` 操作将转置后的结果写回内存。执行上述操作的代码片段可能是这样的：

```
uint32x4x4_t vecIn;
vecIn = vld4q((uint32_t const *) pSrc);
vstrwq(pDst, vecIn.val[0]);
pDst += 4;
vstrwq(pDst, vecIn.val[1]);
pDst += 4;
vstrwq(pDst, vecIn.val[2]);
pDst += 4;
vstrwq(pDst, vecIn.val[3]);
```

上述操作之所以生效是因为有按步长 4 来解交织的指令。对于 $3 \times 3$ 的矩阵转置，则必须以不同的方式来处理。$3 \times 3$ 矩阵类似于：

$$\begin{bmatrix} a_{11} & a_{12} & a_{13} \\ a_{21} & a_{22} & a_{23} \\ a_{31} & a_{32} & a_{33} \end{bmatrix}$$

转置之后将会是这样的：

$$\begin{bmatrix} a_{11} & a_{21} & a_{31} \\ a_{12} & a_{22} & a_{32} \\ a_{13} & a_{23} & a_{33} \end{bmatrix}$$

如果考虑数组在内存中的布局，原始数组的元素顺序是 $a_{11}$，$a_{12}$，$a_{13}$，$a_{21}$，$a_{22}$，$a_{23}$，$a_{31}$，$a_{32}$，$a_{33}$。要产生转置后的数组，需要复制这 9 项，并将元素顺序调整为 $a_{11}$，$a_{21}$，$a_{31}$，$a_{12}$，$a_{22}$，$a_{32}$，$a_{13}$，$a_{23}$，$a_{33}$。可以简单地用一对 `VLDR` 指令来加载开始的 8 个元素（假设还是 32 位的数组元素），之后使用带有硬编码偏移量的离散存储操作来实现高效的转置操作。最后一个（第 9 个）元素可以在最后简单地被复制过来。简单的示例代码如下：

```
const uint32x4_t vecOffset1 = {0, 3, 6, 1};
const uint32x4_t vecOffset2 = {4, 7, 2, 5};

uint32x4_t vecIn1 = vldrwq_u32((uint32_t const *) pSrc);
uint32x4_t vecIn2 = vldrwq_u32((uint32_t const *) &pSrc[4]);
```

```
vstrwq_scatter_shifted_offset_u32(pDst, vecOffset1, vecIn1);
vstrwq_scatter_shifted_offset_u32(pDst, vecOffset2, vecIn2);

pDst[8] = pSrc[8];
```

## 9.2　傅里叶变换

FFT 是一种常用的 DSP 运算，本节首先会简要回顾傅里叶变换的基础知识以及如何使用 FFT 算法在软件中实现傅里叶变换。接着将研究开源的 CMSIS-DSP 库中提供的 FFT 示例。看看在示例中 Helium 特性是如何被使用的，包括位反转指令和离散 – 聚合加载 / 存储指令。

### 9.2.1　傅里叶变换简介

离散傅里叶变换（Discrete Fourier Transform，DFT）将一个有限的、离散的时域序列转换成一个有限的、离散的频域表现形式。DFT 将 $N$ 个复数时域样本转换成 $N$ 个复数频域数值。

离散时域信号 $x(n)$ 的 $N$ 点复数离散傅里叶变换可以这样描述：

$$X(k)=\sum_{n=0}^{N-1}x(n)W_N^{kn}$$

上式在 $0\leqslant k<N$ 时有意义。

公式中常量 $W$ 被称作旋转因子，$W_N=\mathrm{e}^{(-\mathrm{j}2\pi n/N)}$
逆变换如下：

$$x(n)=\frac{1}{N}\sum_{k=0}^{N-1}X(k)W_N^{-nk}$$

因为计算 $N$ 个数值意味着需要产生 $N^2$ 个乘积项，同时每一个乘积项都是复数的乘积。对于数值较大的 $N$，DFT 是一种计算非常密集的运算。

### 9.2.2　快速傅里叶变换

快速傅里叶变换（FFT）是一种效率很高的计算 DFT 的算法。FFT 在 DSP 中得到了广泛的使用，DFT 和 FFT 可以作为同义词。FFT 的工作原理是将一个长序列 DFT 分解成一系列短序列的 DFT。在处理的每一个阶段，都需要考虑之前阶段的处理结果。这种将较小的 DFT 结合起来产生更大的 DFT（反之，也可以将大的 DFT 分解，得到较小的 DFT）的计算过程，也被称作蝶形运算。蝶形运算一直持续到 DFT 的大小是 2 时结束，此时将变成简单计算。单个样本的单点 DFT 等于样本本身。

被用来进行 FFT 分解的值也被称作基底（radix）。例如，对于一个样本大小为 $N$，以 2 为基底对其进行分解展开的 DFT，可以划分前 $N/2$ 点 DFT 和后 $N/2$ 点 DFT，并在之后将它们合并以产生最终结果。对于每一个序列长度为 $N/2$ 的 DFT，可以通过同样的方式将其分解为序列长度更短的子 DFT 分别计算，然后将它们合并以产生结果。因此，算法的计算过程是，计算 $N/2$ 个 2 点 DFT，结合成 $N/4$ 个 4 点 DFT，再结合成 $N/8$ 个 8 点 DFT，以此类推，直到最后的 $N$ 点 DFT 产生。

当然，也可以使用其他值作为基底，其中以 4 和 8 为基底的情况都很常见。有时，还可以采用复合基底 FFT，例如，1000 点 FFT 可以通过以 2 和 5 为基底的 FFT 组合计算。

通常不需要自己来实现 FFT。在 CMSIS-DSP 库中，有很多采用 C 语言或者其他高级语言的标准实现可供使用，还有一系列优化过的 FFT 函数。

当决定将序列长度为 $N$ 的 DFT 分解为两组长度为 $N/2$ 的 DFT 时，需要给出相应的策略。可以按照奇数点和偶数点进行分解，这称为时间抽取（Decimation-In-Time，DIT）FFT。也可以按照前 $N/2$ 和后 $N/2$ 个点来进行分解，这被称作频率抽取（Decimation-In-Frequency，DIF）FFT。“时间抽取”意味着先乘以旋转因子再进行加减操作，“频率抽取”意味着先进行加减操作再乘以旋转因子。

另一个进行 FFT 需要考虑的问题是，是否需要额外的内存缓冲区。仅使用原始样本的内存就能执行的 FFT 实现被称作“原位”FFT。对于基底为 2 的 FFT，如果所有输入数组都以位反转的顺序来进行存储（或者访问），那么所有蝶形运算就可以在原来的内存上进行。

位反转意味着在二进制的字中，位按照从左到右的反向顺序排列（例如，`10110100` 变成 `00101101`）。这样的反转可以通过软件来实现，但是会耗费一定的时间，相反，用硬件来实现会快得多。Helium 技术中有一个 `VBRSR` 指令，可以用来实现上述目的。请注意，我们需要具备使用位反转寻址来索引数据的能力。我们实际上并没有对数据本身进行位反转，而只是反转该地址中的一些位。

图 9-1 展示了一个 FFT 中使用 `VBRSR` 指令的示例。假设使用 `VIDUP` 指令来生成一个数值递增的矢量。图 9-1 中顶部用十进制和二进制显示了这个过程。接下来，使用 `VBRSR` 指令来进行位反转。对于 128 点 FFT，需要在低 7 位上进行上述反转操作。图 9-1 的底部用二进制和十进制显示了反转的过程。接下来，可以使用反转的结果矢量来进行数据的聚合加载。

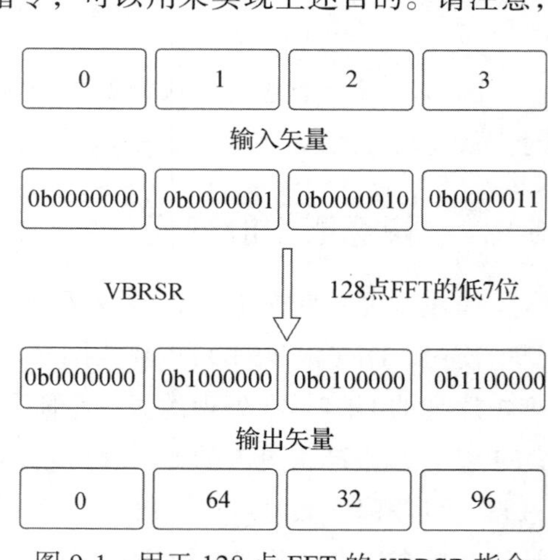


图 9-1 用于 128 点 FFT 的 `VBRSR` 指令

图 9-2 展示了对同一个输入矢量的 6 位表示（例如，一个 64 点 FFT）的位反转执行效果。

但是，CMSIS-DSP 通常不能使用 VBRSR 指令。当处理混合基底的 FFT 时，位反转的公式并不像上面这么简单。对于原位 FFT 实现，必须避免损坏还未读取的样本。在这种情况下，可使用事先计算的位反转表来提供偏移值。在这两种情况下，对于 Helium 的 FFT 实现，可以使用离散 – 聚合指令来实现这个操作。

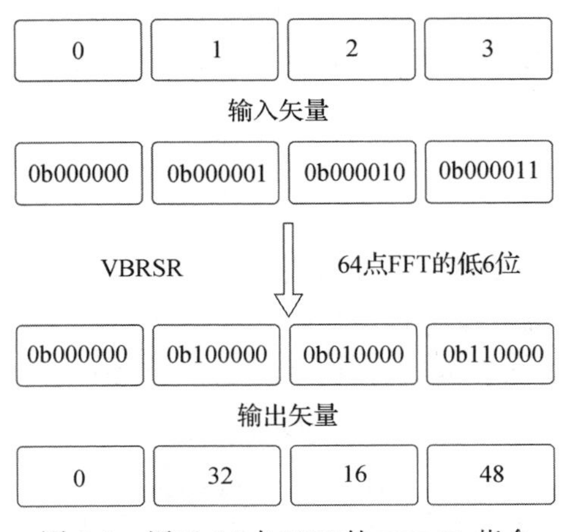


图 9-2　用于 64 点 FFT 的 VBRSR 指令

## 9.2.3　FFT 示例

Helium 包含特殊的指令，能够帮助我们高效地实现 FFT。在之前的章节中，我们了解了架构中包含的指令，如复数的乘法或者乘加指令（VQDML{A,S}SDH{X},VCMUL,VCMLA），以及复数的加法指令。复数的加法指令包括 VHCADD（半数加法）和 VCADD（正常加法），这两个指令同时支持整型 / 定点型和浮点型变体。同样，Helium 中包含了 VBRSR 指令，可以帮助产生位反转的地址。

如果仔细研究 CMSIS-DSP 库中的 FFT 代码，便可以看到 VBRSR 指令具体是如何使用的。

CMSIS-DSP 库中包含一些示例，它们可以帮助使用者熟悉 FFT 的用法。CMSIS 文档中描述了如何编译和运行这些示例。在链接 https://github.com/ARM-software/CMSIS_5/tree/master/CMSIS/DSP/Examples/ARM 中可以找到对应的代码。

其中的一个示例是 arm_fft_bin_example，它可以在支持 Helium 技术的处理器（比如 Coretx-M55）上使用。这个示例将频率为 10kHz 的均匀分布白噪声信号当作输入的测试信号。该示例计算了测试信号的 FFT，将时域信号转换成频域形式，然后计算每个频点的幅度和能量最大的频点（当然是 10kHz 的频点）。

代码中使用了 CMSIS-DSP 中计算复数 FFT 的函数 arm_cfft_f32()、计算复数大小的函数 arm_cmplx_mag_f32() 以及计算最大值的函数 arm_max_f32()。函数 arm_cfft_init_f32() 用来初始化 FFT 结构。代码的 C 语言源码包含在 arm_fft_bin_example_f32.c 源文件中。示例中使用的输入测试信号定义在 arm_fft_bin_data.c 源文件中。

当使用 Helium 技术编译和运行这些代码时，可以看到矢量化和 Helium 技术特有的特性被大量使用。浮点复数 FFT 的计算需要使用多个基底为 4 的运算和一个基底为 2 的运算。在内部循环中，基底为 4 的蝶形运算使用了矢量运算指令 VLDR、VADD、VSUB 和 VSTR。所以可以看到下面这样的代码：

```
vecSum0 = vecA + vecC;
vecDiff0 = vecA - vecC;
```

这些语句是 vaddq 和 vsubq 原语的语法糖。

代码中也使用了 4.2.3 节中描述的复数乘法指令。使用的指令包括：VCADD（旋转 90° 和 270°）用来执行需要的加法和减法运算；VCMLA 和 VCMUL 用来执行复数乘法和共轭操作。这些可以通过 #define 来访问，如下所示：

```
#define MVE_CMPLX_ADD_A_ixB(A, B)          vcaddq_rot90(A,B)
#define MVE_CMPLX_SUB_A_ixB(A, B)          vcaddq_rot270(A,B)
#define MVE_CMPLX_MULT_FLT_Conj_AxB(A,B) vcmlaq_rot270(vcmulq(A, B), A, B)
```

因为 128 位的矢量中包含了 4 个单精度的浮点数值，所以可以在一个矢量上操作两个复数。

一旦 FFT 完成，示例会计算复数的大小。计算复数大小的方法是，求实部和虚部的平方，将平方值求和之后取平方根。代码可以通过 VLDR 指令将 4 个复数加载到一个矢量寄存器中，并通过 VMUL 和 VFMA 指令来得到它们的平方和。Helium 中没有计算平方根的指令，所以可以使用矢量版本的牛顿 – 拉弗森方法来实现。

最后，用于寻找最大频点的 arm_max_f32() 函数本身也是矢量化的。函数遍历所有数据，每次加载 4 个浮点数值。使用 VCMPGE 指令可以比较加载的数据与当前的最大值，如果矢量的那条通道有新的最大值，可以使用 VPSEL（预测选择指令）来选择新的最大值以及对应的索引值。所有数值都被比较完之后，可以使用 VMAXNMV 来找到矢量内部的最大值。

# 第 10 章 DSP 滤波

本章将研究基础的 DSP 操作：卷积和滤波。同样，假设读者已经熟悉这些操作。

## 10.1 卷积

卷积对于 DSP 具有非常重要的意义，是 FIR 滤波器的基础，也是神经网络实现中的基础操作，第 12 章将会再次介绍它。

### 概述

卷积的代数表达式为

$$f(n)*g(n)=\sum_{k=-\infty}^{\infty}f(k)g(n-k)$$

如果有两个数组——具有 alen 个数据的 a[ ] 和具有 blen 个数据的 b[ ]，那么对其执行卷积操作的简单代码可能如下所示：

```
for (i = 0; i < alen + blen – 1; i++)
    {
    c[i] = 0;

    jmin = (i >= blen – 1) ? i – (blen – 1) : 0;
    // 以上步骤只是防止数组访问越界
    jmax = (i < alen – 1) ? i : alen – 1;

      for (j = jmin; j <= jmax; j++)
        {
          c[i] += a[j] * b[i – j];
    //* 这里的*代表乘法，不是数学上的卷积符号
        }
      }
```

在这里，c[ ] 是输出数组，长度为 alen+blen-1。

该算法很容易理解，由两个嵌套的循环组成，两个循环对来自两个输入数组的元素进行乘积和求和运算。然而，这段代码很难矢量化，因为代码的外循环每次迭代都会更改内循环的开始边界和结束边界。此外要注意，代码以递增索引访问第一个数组，但是以递减索引访问第二个数组（也就是必须沿反方向访问该数组）。

## 10.2 滤波器

滤波是数字信号处理的基础部分。在时域对某一连续信号采样生成一系列样本后，要处理这些样本以改变其频域特性。通常，这会过滤掉特定频率的成分。

有两个基本的方法用于设计滤波器：

- 有限脉冲响应（FIR）滤波器：FIR 滤波器对脉冲的时间响应是当前输入样本和之前有限数量输入样本的直接加权和，它没有反馈环节，因此特定样本的影响只限于其输入后的一段时间。FIR 滤波器的频率响应没有极点，只有零点。采用 FIR 滤波器的实例包括音频均衡和电机控制。
- 无限脉冲响应（IIR）滤波器：IIR 滤波器是一个递归函数，这意味着其输出是输入和输出的加权和。由于递归，其响应可能无限地持续下去。IIR 滤波器的频率响应既有极点又有零点。使用 IIR 滤波器的实例包括实现等同于模拟滤波器的功能，例如巴特沃斯、切比雪夫或贝塞尔滤波器。

CMSIS-DSP 库含有许多执行滤波的函数，包括 FIR 和 IIR 滤波器。本节将详细介绍 FIR 滤波器的 Helium 实现。

### 10.2.1 FIR 滤波器简介

本小节将介绍 FIR 滤波器，并展示如何利用 Helium 特性来高效地执行滤波。

图 10-1 所示为 FIR 滤波器的框图，它包括 4 个部分：

- 缓冲区（也称为延迟线）存储着固定数量的之前输入的样本。在数学上，把最新输入的样本标记为 $X(n)$，之前输入的样本标记为 $X(n-k)$。在每次处理新的采样事件时，样本在图中被右移一个位置，新的样本被存储在起始位置。
- 滤波器系数表示为 $h(k)$。
- 将缓冲区中的每个样本与相应的滤波系数相乘的部分。
- 将乘法器输出相加以生成滤波器输出样本 $Y(n)$ 的部分。

图 10-1 在数学上可以表示为

$$Y = \sum_{k=0}^{N-1} h(k)X(n-k)$$

式中 $X(n)$ 为一系列要进行滤波处理的数值，$h(n)$ 为滤波器系数。

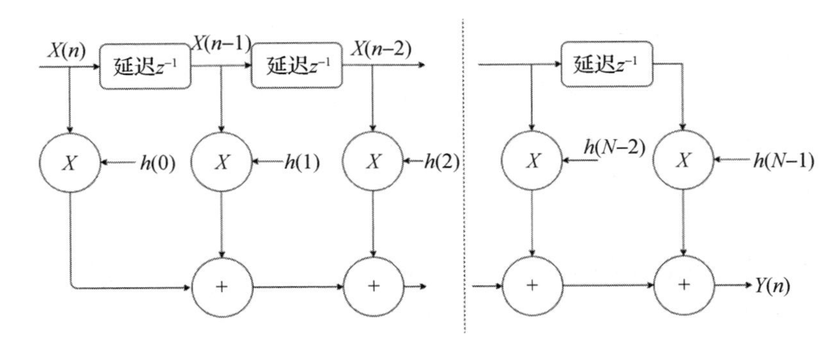


图 10-1　FIR 滤波器示意图

### 10.2.2　FIR 滤波器示例

通常，一个 FIR 滤波器会很长，无法在寄存器中同时存储所有的系数。对于这种滤波器，每个输出结果都依赖于从内存中加载的 $N$ 个数据值和 $N$ 个滤波器系数。为此，在同一时间，从一次数据和系数的加载中计算多个输出结果是有用的。这被称为区块滤波器实现，该实现使用抽头（系数）数量的倍数的延迟线，当有一个完整数据“块”时进行计算，而不是在每次迭代中将一个新的样本移入延迟线。因此，不必使用循环缓冲区，而是为每个块移动一次延迟线数据。对于一个大的块，这样做的开销是很小的。

CMSIS-DSP 库中有完整的 FIR 实现，CMSIS-DSP 库包含一个低通滤波器示例，详见 https://github.com/ARM-software/CMSIS_5/tree/master/CMSIS/DSP/Examples/ARM/arm_fir_example。

该示例展示了如何使用区块 FIR 滤波器。定义的一组输入信号（在 `arm_fir_data.c` 中）包含 2 个正弦波，频率分别为 1kHz 和 15kHz，具有 320 个采样值。使用一个截止频率为 6kHz 的低通滤波器，只留下 1kHz 的正弦波作为输出。滤波器具有 29 个系数（抽头）。示例展示了如何配置 FIR 滤波器，以及如何将数据块传递给它。示例中使用 CMSIS-DSP 库函数 `arm_fir_f32.c()` 执行滤波处理。

该函数的源代码可从如下网址找到：

https://github.com/ARM-software/CMSIS_5/blob/master/CMSIS/DSP/Source/FilteringFunctions/arm_fir_f32.c

如前所述，函数对数据块执行操作。指针 `pSrc` 指向输入数据的数组，`pDst` 指向输出数据的数组，`blockSize` 为函数要处理的数据数量。`pCoeffs` 指向系数的数组，以时间逆序存储，这意味着旧数据值的系数先存储。`numTaps` 为系数（抽头）的数量。

为了避免使用循环寻址，一个大小为 `numTaps + blockSize – 1` 的状态数组保存着采样值，并由 pState 指向。例如，如果滤波器中有 16 个系数，并想处理 32 个采样值，那么需要同时存储 32 个采样值和之前的 16 个采样值。滤波器的系数和状态变量一起存储在一个实例数据结构中。虽然不同的滤波器实例间可以共享系数数组，但不能共享状态数组，对于每个滤波器，必须定义单独的实例数据结构。

实例需要通过将所有 `pState` 指向的值设置为 0，并设置 `numTaps` 和所需的指针 `pCoeffs` 及 `pState` 来初始化，这可以手动完成或通过调用提供的初始化函数来完成。

该函数的 Helium 版本首先会检查 `blockSize` 是否大于 8，如果不大于，则不会尝试矢量化，而是通过标准的 C 代码来计算滤波器。如果要处理的数据数量足够大，那么进行矢量化就是值得的，然后检查系数的数量，如果它小于 8，则使用优化好的函数 `arm_fir_f32_1_4_mve`（用于 1～4 个抽头）或 `arm_fir_f32_5_8_mve`（用于 5～8 个抽头）。注意，即使滤波器使用的系数少于 16 个，系数数组也必须用 0 填充，使其大小为 16 的整数倍。

代码包含一系列循环。这段代码首先以一个循环开始，该循环使用 `VLDR` 从输入采样读取 128 位的数据，并使用 `VSTR` 将数据复制到状态数组。基本的滤波器计算循环将读取 8 个系数值。

然后，使用 8 条 `VLDRW` 指令，每条 `VLDRW` 读取 4 个样本值，地址每次增加一个样本值。接着，使用一条 `VMUL` 或乘加（`VFMA`）指令，将矢量和其中一个系数值相乘。对所有系数值和所有样本值重复执行这个过程。

接下来是一些处理剩余计算过程的代码。如果样本数量不是 8 的整数倍，最后的部分会通过尾部预测来处理，利用 `vctp32q()` 原语来创建尾部预测，使得乘加计算仅针对正确数量的样本产生结果。最后，如果抽头的数量不是 8 的整数倍，则会利用一个简单的 `VLDR` 和 `VFMA` 指令循环来处理剩余的抽头，一次处理 4 个样本值。

# 第 11 章
# 应用示例

本章将着眼于一个易于理解的图像处理应用程序代码示例，研究如何使用 Helium 特性来大幅度提高图像处理速度。在此之后还会对 Helium 特性在加密运算中的应用加以介绍。

## 11.1 图像处理

计算机图形学和视频系统使用像素数组来表示图像。通常，像素点的颜色由几种常见的格式表示，例如使用 3 个或 4 个数值或者颜色的分量来表征某种颜色。RGB 格式使用加色混合法来对不同颜色进行表征。该格式分别存储红色、绿色和蓝色三原色的亮度值，这些数值描述了三原色产生给定颜色所需要的亮度。目前有几种常见的 RGB 格式可供使用。例如，如果每个像素大小为 24 位，这意味着每种颜色都被一个 8 位的数值所描述。有时，每个像素点的大小是 16 位，则分配红色 5 位、绿色 6 位、蓝色 5 位（RGB565）。ARGB 格式在 RGB 格式的基础上额外增加了一个名为 alpha 的通道，用以表示透明度。

### 示例代码

大多数相机都提供了一系列选项来对图像进行某种处理。这里首先展示一种简单的示例，该示例将 32 位 ARGB 格式的图像转换为 8 位灰度图像。为完成这一处理，设备读取输入像素的 RGB 值并求它们的平均值，使红色、绿色和蓝色亮度值相同。由于人眼对不同颜色的敏感度不同，因此需要对不同颜色赋予相应的权重，这有一个标准公式：

$$Y_{\text{out}} = (R_{\text{in}} \times 0.3) + (G_{\text{in}} \times 0.59) + (B_{\text{in}} \times 0.11)$$

这里处理的数据输入是 8 位整型 RGB 数值，输出也是 8 位整型 RGB 数值。为将更多的数据放入矢量中以提高运算效率，这里采用整型运算而非浮点型运算。对于标准公式中的浮点型权重值，可以采用先乘以 256，再除以 256（移位 8 位）的方式加以转化，得到的新公式如下：

$$Y_{out} = ((R_{in} \times 77) + (G_{in} \times 151) + (B_{in} \times 0.28)) >> 8$$

该公式不会导致溢出（因为 RGB 的最大值 255，255，255 运算所得的 $Y$ 值也为 255）。

实现一帧图像转换的 C 代码如下所示：

```
void grayscale(unsigned char * out, unsigned char * rgb, int pixelCnt)
{
    int Index=0;
    int outPtr=0;
    int aIn, rIn, gIn, bIn, yOut;
    while (Index < pixelCnt)
        {
            // aIn = rgb[ Index + 3];
            rIn = rgb[ Index + 2];
            gIn = rgb[ Index + 1];


            bIn = rgb[ Index];
            Index+=4;

            yOut = ((77 * rIn) + (151 * gIn) + (28 * bIn)) >> 8;

            out[outPtr++] = yOut;
        }
}
```

在编译上述代码时，编译器不会自动将其矢量化，而是每次循环迭代只对一个像素进行处理。因此，这里可以尝试修改 C 代码使其能够矢量化，例如，通过 `restrict` 关键字来指示输入数组 `rgb[]` 和输出数组 `out[]` 不重叠。同时，还需要重新设计循环结构，以便显式地让编译器知道该循环的迭代次数是 16 的倍数。

可以尝试使用 Helium 原语函数创建一个更快的矢量化版本算法实现。

正如我们在 5.3 节中看到的，可以在代码中使用 `VLD4` 指令来提取像素数据中的 A、R、G 和 B 值。该原语函数将产生 4 个矢量加载指令。执行指令后将会得到带有 8 个 alpha 数据的矢量寄存器、带有 8 个红色数据的矢量寄存器等。这意味着现在已经使用了 8 个可用矢量寄存器中的 4 个。由于不需要 A 值，因此可以在必要时重用该矢量寄存器。

```
uint8x16x4_t pixels = vld4q_u8(rgb);
rgb +=64;
```

如图 11-1 所示，可以看到一共有 64 字节的像素数据以解交织的方式加载到了矢量寄存器中。

当两个 8 位数据相乘时，结果将是一个 16 位的数据。由于算法实现需要将一个矢量乘以一个存储在通用寄存器中的标量数值，因此需要使用 `VMOVL` 指令将矢量寄存器中的输入像素值由 8 位扩宽到 16 位：

```
uint16x8_t tmp1, tmp2, sum1, sum2;

tmp1 = vmovltq_u8(pixels.val[2]);
tmp2 = vmovlbq_u8(pixels.val[2]);
```

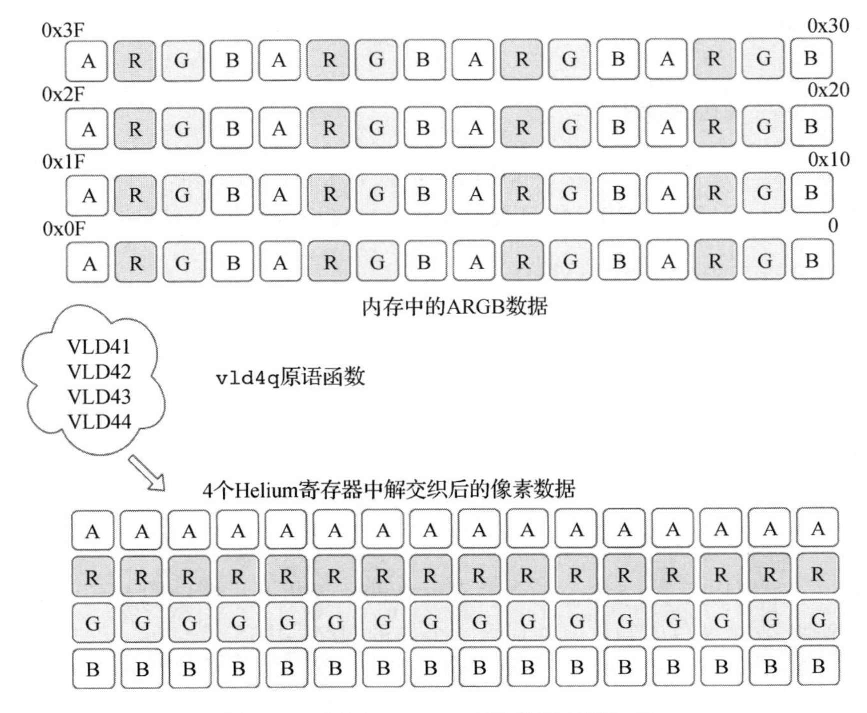


图 11-1 通过 `VLD4x` 对像素解交织加载

正如在 7.5.1 节中讨论矢量数组数据类型时所描述的，对于矢量类型 `<type>_t`，其对应的数组类型是 `<type>x<length>_t`。矢量数组数据类型是一个包含名为 `val` 的单个数组元素的结构。因此，在执行 `VLD4` 指令进行解交织处理将源地址的数据加载到 4 个 Helium 矢量寄存器中之后，可以通过类似于数组寻址的方式来访问各矢量寄存器，例如 `val[2]` 等。图 11-2 展示了 `VMOVL` 指令对的执行效果。

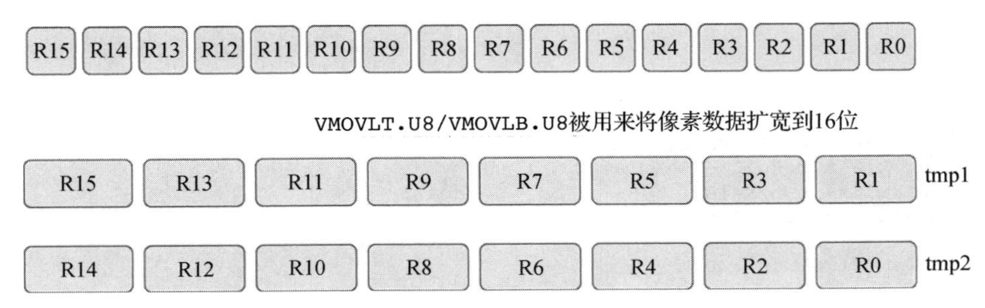


图 11-2 `VMOVL` 将一个寄存器中的 8 位红色像素数据扩宽为 2 个寄存器中的 16 位数据

执行完 `VMOVL` 指令对之后，将产生两个加载了数据的 Helium 矢量寄存器，其中每个矢量寄存器包含 8 组已被扩展为 16 位的红色像素数据。根据标准公式，接下来要对这些红色像素数据进行矢量乘法运算：

```
sum1 = vmulq_n_u16(tmp1, 77);
sum2 = vmulq_n_u16(tmp2, 77);
```

以此类推，对绿色和蓝色数据进行相同的扩宽和矢量乘法运算，但考虑到原标准公式，运算过程中使用 VMLA 指令将运算结果累加到已经计算出的数据上：

```
tmp1 = vmovltq_u8(pixels.val[1]);
tmp2 = vmovlbq_u8(pixels.val[1]);

sum1 = vmlaq_n_u16(sum1, tmp1, 151);
sum2 = vmlaq_n_u16(sum2, tmp2, 151);

tmp1 = vmovltq_u8(pixels.val[0]);
tmp2 = vmovlbq_u8(pixels.val[0]);

sum1 = vmlaq_n_u16(sum1, tmp1, 28);
sum2 = vmlaq_n_u16(sum2, tmp2, 28);
```

接下来，需要使用 2 个 VSHRN 指令将存储在两个矢量寄存器中的 16 个 16 位计算结果通过移位缩窄为 16 个 8 位的数据，并存入一个矢量寄存器中：

```
uint8x16_t result;

result = vshrntq(result, sum1, 8);
result = vshrnbq(result, sum2, 8);
```

最后，可以使用 VSTR 指令（通过 vst1q 原语函数）写出处理后的数据：

```
vst1q_u8 (out, result);
out+=16;
```

这种矢量化的算法实现每次迭代时都对 16 个像素数据进行处理。如果原始图像所包含的像素数量不是 16 的倍数，则可以简单地使用之前描述的 C 代码来处理剩余的少量像素数据。

```
void grayscale_mve(unsigned char * out, unsigned char * rgb, int PixelCnt)
{
    uint16x8_t tmp1, tmp2, sum1, sum2;
    uint8x16_t result;
    uint8x16x4_t pixels;
    PixelCnt = PixelCnt>>4;

    while (PixelCnt > 0)
      {
        pixels=vld4q_u8(rgb);
        argb+=64;

       tmp1=vmovltq_u8(pixels.val[2]);
        tmp2=vmovlbq_u8(pixels.val[2]);
        sum1=vmulq_n_u16(tmp1,77);
```

```
        sum2=vmulq_n_u16(tmp2,77);

        tmp1=vmovltq_u8(pixels.val[1]);
        tmp2=vmovlbq_u8(pixels.val[1]);
        sum1=vmlaq_n_u16(sum1, tmp1,151);
        sum2=vmlaq_n_u16(sum2, tmp2,151);

        tmp1=vmovltq_u8(pixels.val[0]);
        tmp2=vmovlbq_u8(pixels.val[0]);
        sum1=vmlaq_n_u16(sum1, tmp1,28);
        sum2=vmlaq_n_u16(sum2, tmp2,28);

        result=vshrntq(result, sum1,8);
        result=vshrnbq(result, sum2,8);

        vst1q_u8(out, result);
        out+=16;
        PixelCnt--;
      }
}
```

## 11.2　加密

正如在第 4 章中简要提到的，Helium 拥有两大特性：支持大数算术和多项式乘法。这两大特性能够极大地帮助实现标准加密算法。本节将回顾为什么密码学需要这些特性，并研究如何使用 Helium 来高效地实现算法。

### 11.2.1　大数算术

C 语言中的整数通常为 32 位，其取值范围约为 $\pm 2 \times 10^9$。几乎所有现代编译器都支持 64 位位宽的“ long long”整型数据类型，该数据类型可以用来表示范围在的 $9 \times 10^{18}$ 以内的整数。然而，即使是这样大的数据类型，对于一些计算都可能存在不够用的情况，特别是对于那些在计算中间步骤时会产生非常大的中间结果的计算。大多数处理器硬件能够支持 8～64 位精度之间的某些固定长度的算术运算。如果需要计算更大的数字或要求更高的精度，则必须使用支持任意精度（有时称为无限精度或大数字）的算术库（或某种语言的编程算法实现）。

密码学中可能涉及大数字的乘法，乘数可以达到 $10^{300}$（995 位）。与许多其他密码算法一样，RSA 加密算法也是基于这样一个事实：计算机很容易取两个非常大的质数并将它们相乘，但是反过来，对于一个只有两个质因子的非常大的数，要对其进行因式分解，找到两个质因子会非常困难。此外，还有许多其他数学应用可能需要使用任意精度的数字。

Helium 有一些指令可以帮助合成大数的算术运算。这些指令包括 `VADC`、`VSBC` 和 `VSHLC`，它们分别对整个矢量执行加法、减法和左移操作，且上述每种操作都带有进位输入和进位输出操作。

大数的加法（或减法）很简单。只需对数字进行相加（或相减），并带有适当的进位，直到所有数字都被累加。在示例中，将展示如何把两个任意长度的二进制数相加。

这里可以将大数（bignum）定义为 32 位整数数组：

```
typedef uint32_t * bignum;
```

可以参考以下示例使用内联汇编代码：

```
void bignum_add (intBlkCnt, bignum pA, bignum pB, bign pDst, uint32_t *carry)
{
       uint32_t cout;
    __asm volatile (
        "   mov         r0, #0                    \n"
        "   lsls        r0, #1                    \n" // 清除进位标志
        "   wls         lr, %0, .adc_scalar_end%=  \n"
        ".adc_scalar_loop1_%=:                    \n"
        "   ldr         r0, [%1], #4              \n" //加载pA[n]
        "   ldr         r1, [%2], #4              \n" //加载pB[n]
        "   adcs        r0, r0, r1                \n" // tmp <- a[n] + b[n]
        "   str         r0, [%3], #4              \n" // Dst[n] <- tmp
        "   le          lr, .adc_scalar_loop1_%=  \n"
        ".adc_scalar_end%=:                       \n"
        "   mrs         %4, APSR_nzcvq            \n" // 获取输出进位
        "   ubfx        %4, %4, #29, #1           \n" // 提取位C并移动到位0

       : "+r" (BlkCnt), "+r" (pA), "+r" (pB), "+r" (pDst), "+r" (carry)
        :: "lr", "r0", "r1", "memory", "cc"
    );
    *carry = cout;
}
```

示例代码非常简单。代码在初始化时清除处理器的进位标志。然后，循环从每个输入一次读取 4 个字（首先是最低有效字），并使用 ADCS 指令执行 128 位加法。128 位加法运算的任何进位操作都将自动应用于下一个加法运算。一旦大数字的全长都完成了遍历，就从 APSR 中提取进位标志位。同样地，使用 SBCS 指令的类似代码可用于对大数的减法运算。

上述代码使用 Helium 的 While 循环，但因为其没有使用 Helium 矢量，每个循环仅执行 32 位加法。在这里可以使用 vldrwq 原语函数一次加载 128 位，使用 vadcq 原语函数执行整个寄存器的 128 位加法以对代码进行进一步的优化。

优化所得的新的代码示例如下所示：

```
unsigned int carry = 0;
uint32x4_t      vecA
uint32x4_t      vecB ;
uint32x4_t      vecDst;

while (blkCnt > 0U)
 {
        mve_pred16_t    p0 = vctp32q(blkCnt);
        vecA = vldrwq_z_u32(pA, p0);
```

```
        vecB = vldrwq_z_u32(pB, p0);
        vecDst = vadcq(vecA, vecB, &carry);
        vstrwq_p(pDst, vecDst, p0);
        pA += 4;
        pB += 4;
        pDst += 4;
        blkCnt -= 4;
    }
```

使用 Helium 尾部处理技术意味着上述代码适用于任意长度的输入，并不需要限定长度为 4 的倍数。

## 11.2.2　多项式乘法

有限域算术是数学的一个分支，用于处理有限域（包含有限数量的元素）内的运算。这与我们通常所接触的包含无限多元素的域（如有理数集合）的算术不同。在数学中，存在着无数不同的有限域。

有限域也被称为伽罗瓦域，记为 GF($q$)，其中 $q$ 为素数幂。以一个最简单的情况为例，例如存在素数 $p$，则 GF($p$) 是一个以素数 $p$ 为模的整数环。对其的算术运算，如加法、减法和乘法，是使用通常的整数运算来执行的，但要用模 $p$ 进行归约。例如，在有限域 GF(7) 中，普通的整数运算 4 + 5 = 9 结果变为 2 mod 7。有限域 GF(2) 对计算机运算来说是特别的，在该有限域中，加法或减法等价于异或运算，乘法则等价于与运算。一般伽罗瓦域中的元素可以表示为有限域 GF($p$) 上的适当的多项式。例如，在 GF($2^n$) 的情况下，比如 AES 中使用的 GF(256)，域中的元素以 GF(2) 上的多项式来表示，多项式中的每一项由一个位表示。这种表示可以用于各种应用，包括循环冗余校验的计算、Reed-Solomon 纠错，以及 AES 和椭圆曲线加密等算法。对此的详细介绍超出了本书的范围，在这里只是简要介绍多项式（有时称为无进位）乘法的背景。

Helium 实现了支持 `.P8` 和 `.P16` 数据类型的 `VMULL` 指令，该指令允许对 8 位多项式进行 8 路并行的乘法（或对 16 位多项式进行 4 路并行的乘法）。

在本节中，将研究如何使用 `VMULL.P16` 指令来实现 64 × 64 位的多项式乘法。

首先将乘法的两个输入数据分别表示为包含的 4 个 16 位元素，如下所示：

A = (a3, a2, a1, a0)

B = (b3, b2, b1, b0)

对其进行多项式乘法运算的结果如下：

(a3.b3) <<96 + (a2.b3) <<80 + (a1.b3) <<64 + (a0.b3) <<48 + (a3.b2) <<80 + (a2.b2) <<64 + (a1.b2) <<48 + (a0.b2) <<32 + (a3.b1) << 64 + (a2.b1) <<48 + (a1.b1) <<32 + (a0.b1) <<16 + (a3.b0) <<48 + (a2.b0) <<32 + (a1.b0) <<16 + (a0.b0)

可以看出，为了计算 $A*B$ 的多项式乘法，需要计算每个 $A_i$、$B_j$ 组合的乘积。上述计算可以使用 4 次 VMULL.P16 指令来高效地完成，每次指令指定都可以得到 4 个乘积。

为了完成上述设计，首先将 A、B 两个多项式变形得到以下三个多项式：

- A16 = A 右旋 16 位 = (a0, a3, a2, a1)
- B16 = B 右旋 16 位 = (b0, b3, b2, b1)
- B32 = B 右旋 32 位 = (b1, b0, b3, b2)

然后使用 VMULL.P16 指令对上面得到的三个多项式进行组合运算：

- 使用 VMULL.P16(A, B)，P0 = (a3.b3, a2.b2, a1.b1, a0.b0)
- 使用 VMULL.P16(A, B16)，P1 = (a3.b0, a2.b3, a1.b2, a0.b1)
- 使用 VMULL.P16(A16, B)，P2 = (a0.b3, a3.b2, a2.b1, a1.b0)
- 使用 VMULL.P16(A, B32)，P3 = (a3.b1, a3.b0, a1.b3, a0.b2)

利用上述中间结果产生正确的最终结果，并不需要进行提取、移位和单独设置每个 32 位的乘积项，只需要对上述中间结果进行简单的代数操作即可。

首先利用 P1 和 P2 求和得到 S（和之前一样，使用 XOR 逻辑运算实现多项式加法）：

S = P1 + P2

然后计算两个中间结果 R0 和 R1，这需要读取计算中间结果的一部分，例如 P3.3 表示为 P3 的第三个元素，以此类推，得到的中间结果 R0 和 R1 如下：

R0 = (0, S.2, S.3 + S.1, S.0) << 16

R1 = (0, P3.3 + P3.1, P3.2 + P3.0, 0)

最后利用以上所有中间结果计算最终结果，如下所示：

Result = P0 + R0 + R1

以上为计算多项式乘法的一种算法设计，具体的 Helium 汇编代码实现如下所示：

```
// R0 指向内存中的一个64位多项式(输入A)
// R1 指向内存中的一个64位多项式(输入B)
// R2 指向一个存储结果的地址(输出)
//
// 在Q0中返回结果

PUSH {R4, R5, R6, R7}
VPUSH {Q4, Q5, Q6, Q7}
MOV R4, #0

// 扩展加载——转换4×16位的数据值a3, a2, a1, a0为
// 0, a3, 0, a2, 0, a1, 0, a0，并对b进行相同的处理

VLDRH.U32 Q1, [R0] // Q1 为A
```

```
VLDRH.U32 Q2, [R1] // Q2 为 B

VMULLB.P16 Q0, Q1, Q2 // Q0 将存储结果(=a.b)

//从a生成a16(= a0, a3, a2, a1)
//有效地向右旋转 32 位

VMOV R7, R3, Q1[3], Q1[1]
VMOV R5, R6, Q1[2], Q1[0]
VMOV Q4[3], Q4[1], R6, R5
VMOV Q4[2], Q4[0], R7, R3

//从b生成b16(= b0, b3, b2, b1)

VMOV R7, R3, Q2[3], Q2[1]
VMOV R5, R6, Q2[2], Q2[0]
VMOV Q5[3], Q5[1], R6, R5
VMOV Q5[2], Q5[0], R7, R3

// 因为扩宽操作只需要使用VMULLB而不用VMULLT

VMULLB.P16 Q6, Q1, Q5 // Q6为a.b16
VMULLB.P16 Q7, Q4, Q2 // Q7为a16.b

// S = Q6 + Q7 (EOR是多项式加法) = a.b16 + a16.b

VEOR Q3, Q6, Q7 // Q3 is s

// 现在对s进行处理可以得到 (0, s2, s3 +s1, s0) << 16

VMOV.32 R7, Q3[3] // 将s3读入gpr
VMOV.I32 Q4, #0
VMOV.32 Q4[1], R7 // 将s3的旧值赋值到位置1处
VMOV.32 Q3[3], R4 // 对s3处清零
VEOR Q3, Q3, Q4 // 按位异或s3 的值到 s1
VSHLC Q3, R4, #16 // 左移 16 R4 只是为了保证零进位

// 并将结果添加到Q0中
VEOR Q0, Q0, Q3 //按位异或到结果中

// 现在生成b32
// b32 = b1, b0, b3, b2
// 有效地旋转 64 位

VMOV R7, R3, Q2[3], Q2[1]
VMOV R5, R6, Q2[2], Q2[0]
VMOV Q5[3], Q5[1], R3, R7
VMOV Q5[2], Q5[0], R6, R5

// 4次乘法中的最后一次
VMULLB.P16 Q3, Q1, Q5 // Q3 为 p3 = a.b32

// 现在处理 p3，这样我们得到 0, p3.3 + p3.1, p3.2 + p3.0, 0

VMOV.32 R7, Q3[3] // 将p3.3读入gpr
VMOV.32 R3, Q3[2] // 读取p3.2
VMOV.I32 Q4, #0
VMOV.32 Q4[1], R7
VMOV.32 Q4[0], R3
VMOV.32 Q3[3], R4 // 清零 p3.3
```

```
VMOV.32 Q3[2], R4 //清零 p3.2
VEOR Q3, Q3, Q4 //这里我们得到 0, 0, p3+p1, p2+p0
VSHLC Q3, R4, #32 // 这里我们得到0, p3+p1, p2+p0, 0

VEOR Q0, Q0, Q3 //加入结果中
VSTRW.32 Q0, [R2] // 存储最终结果
VPOP {Q4, Q5, Q6, Q7}
POP {R4, R5, R6, R7}
BX LR
```

这段代码有一些有趣的特性。

两个 16 位的数据相乘将得到一个 32 位的结果，其结果位宽是输入位宽的两倍。这就意味着使用 128 位矢量寄存器来保存计算结果时，每个输入数据只能使用矢量寄存器的一半以保证结果不过超过矢量寄存器位宽限制。`VMULL` 指令可以选择每对输入通道的上半部分或下半部分。图 11-3 显示了这一点。

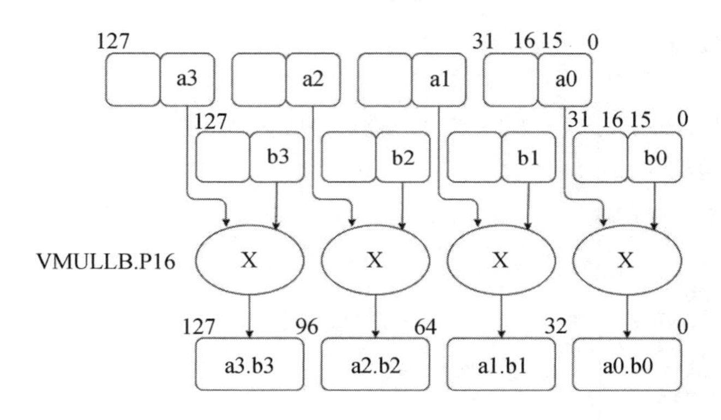


图 11-3 `VMULLB.P16` 操作

如图 11-4 所示，扩宽加载（`VLDRH.U32`）指令能够高效地将 64 位输入转换成所需的格式。该指令读取 4 个 16 位数据（64 位输入多项式）并将它们转换为 4 个 32 位数据，其中前 16 位为 0。后续计算只使用每个 32 位数据的下半部分。

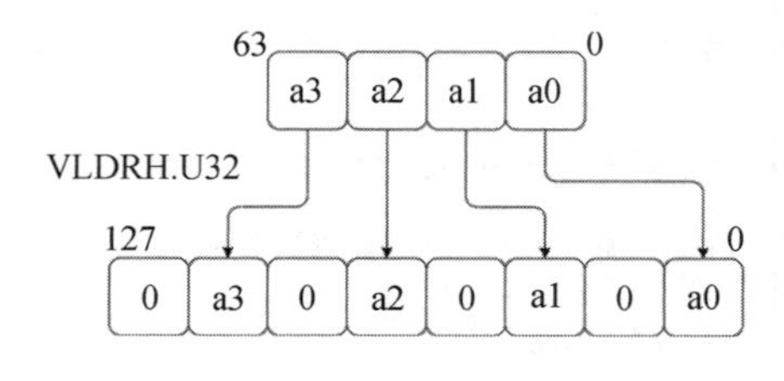


图 11-4 扩宽加载

该算法要求我们在矢量通道之间移动数据，并对同一矢量的不同通道中的值进行异或

操作。Helium 不提供直接执行此操作的指令，但可以通过将值传入和传出标量寄存器来执行此操作。

Helium 只有 8 个矢量寄存器。如果按照前面描述的顺序实现算法，即首先执行所有旋转再执行所有乘法，那么计算过程中需要将中间结果转存到内存中。针对这个问题，可以通过重新排序操作来避免这种情况，这样在任何时候使用的 128 位值都不超过 8 个。但是如果代码中有一个不能重叠的 Helium 算术指令块，则可以插入交织的内存访问指令（例如在双矢令块实现的 Cortex-M55 上），而不会产生任何额外的周期损失。这意味着对于某些代码，将计算值转存到内存可能也是一个好方法。

当在函数中调用 Helium 代码时，必须保存 `Q4`～`Q7`，这意味着如果使用这些寄存器，需要在栈中存储和恢复它们。虽然可以使用 `R0`～`R3`，但同样必须保留其他通用寄存器。还可以通过一些修改来优化这段代码以避免使用 `R7` 和 `Q7`，这样这些寄存器就不需要在栈上保存和恢复。

对这段代码进行进一步的优化。可以看出，生成矢量 `a16` 和 `b16` 需要使用 4 个 `VMOV` 指令：

```
//从a生成a16 (= a0, a3, a2, a1)
//有效地向右旋转 32 位

VMOV R7, R3, Q1[3], Q1[1]
VMOV R5, R6, Q1[2], Q1[0]
VMOV Q4[3], Q4[1], R6, R5
VMOV Q4[2], Q4[0], R7, R3

//从b生成b16 (= b0, b3, b2, b1)

VMOV R7, R3, Q2[3], Q2[1]
VMOV R5, R6, Q2[2], Q2[0]
VMOV Q5[3], Q5[1], R6, R5
VMOV Q5[2], Q5[0], R7, R3
```

使用离散加载指令（参见 5.2 节）可以避免这种情况。可以通过使用 `VIWDUP` 指令生成所需的偏移量（0，3，2，1），或者通过使用预先计算的代码中的一组偏移量，将这组偏移量加载到矢量寄存器中以供后续使用。这种使用离散加载来实现矢量内操作的技术可以用于很多算法的 Helium 实现。使用 `VIWDUP` 代码既可以保证较小的代码体量，还能保证较快的运算速度，具体实现如下所示：

```
// 生成用于加载a16和b16的偏移表
MOV R4, #1 // 起始值为1
MOV R5, #4 // 在4处发生环绕
VIWDUP.U32 Q6, R4, R5, #1 // 结果存储在Q6中，为(0,3,2,1)
// 扩展加载——转换4×16位的数据a3, a2, a1, a0
// 为0, a3, 0, a2, 0, a1, 0, a0
// 并对b进行相同的处理
VLDRH.U32 Q1, [R0]    // Q1 是 A
VLDRH.U32 Q2, [R1]    // Q2 是 B
```

以上代码计算了 b32，p3，然后将 (0,p3.3+p3.1,p3.2+p3.0,0) 累加到结果中，整个计算过程包含一系列操作，总共需要执行 11 条指令。

对相应算法和一些代数的研究表明，可以改为使用 16 位的左移来产生两个项 a'16 和 b'16。利用上述两项计算移位乘积 a'16*b16 和 a16*b'16，并分别从这两个乘积中取出两个子项，这样可以实现更快的运算。然后，在内部的两条通道上使用通道预测将上述子项分别加到结果中。这种通道预测可能是在每个通道的基础上执行操作的一种有效方式。生成的代码如下所示：

```
// 生成 a'16 = (a2, a1, a0, 0)，不需要存储a3，
// 因为我们只对中间的两部分感兴趣
VSHLC Q1, R4, #32

// 计算 a'16 * b16 = (?, a1b3, a0b2, ?)
VMULLB.P16 Q5, Q1, Q4
// 生成 b'16 = (b2, b1, b0, 0)——不需要存储b3，
// 因为我们只对中间的两部分感兴趣
VSHLC Q2, R4, #32
// 计算 a16 * b'16 = (?, a3b1, a2b0, ?)
VMULLB.P16 Q3, Q2, Q3
// 通过预测将(?, a3b1, a2b0, ?)和
// (?, a1b3, a0b2, ?)依次相加
VPSTT
VEORT Q0, Q0, Q5
VEORT Q0, Q0, Q3
```

这段代码减少了 2 条指令，运行快了几个周期。

最后，寻找连续指令之间的互锁（参见 8.4 节）并重新对代码进行排序以避免这种情况的发生。例如，在上面的代码序列中，将立即数加载到 R4 中以及将其写入 P0 中的预测位可以从 VPSTT 指令中移开，以避免互锁。类似地，可以采用加载和乘法指令交织执行的方式，而不是直接将生成的偏移量加载到 a16 和 b16 中再执行两次乘法，这样可以节省两个时钟周期（例如在双矢令块实现的 Cortex-M55 上）。

例如有以下指令序列：

```
VLDRH.U32 Q4, [R0, Q7, UXTW #1] // Q4 = a16
VLDRH.U32 Q5, [R1, Q7, UXTW #1] // Q5 = b16
VMULLB.P16 Q6, Q1, Q5           // Q6 为 a.b16
VMULLB.P16 Q7, Q4, Q2           // Q7 为 a16.b
```

优化为：

```
VLDRH.U32 Q4, [R1, Q6, UXTW #1] // Q4 = b16
VMULLB.P16 Q5, Q1, Q4           // Q5 为 a.b16
VLDRH.U32 Q3, [R0, Q6, UXTW #1] // Q3 = a16
VMULLB.P16 Q6, Q3, Q2           // Q6 为 a16.b
```

（另外需要注意的是，优化对使用矢量寄存器的序号也进行了修改，避免使用 Q7，从而

节省了 128 位栈写入和读取时间。)

得到的最终的优化代码如下所示:

```
pmul64:
        // R0指向内存中的一个64位多项式(输入 A)
        // R1 指向内存中的一个64位多项式(输入 B)
        // R2 指向一个存储结果的地址 (输出)
        // R3、R4、R5、R6 和Q0~Q6用作临时存储
        // R4~R6, Q4~Q6保留

        PUSH {R4, R5, R6}
        VPUSH {Q4, Q5, Q6}
        MOV R3, #0

        // 生成用于加载a16和b16的偏移表
        MOV R4, #1 // 起始值为1
        MOV R5, #4 // 在4处发生环绕
        VIWDUP.U32 Q6, R4, R5, #1   // 结果存储于Q6=(0,3,2,1)
        // 扩展加载——转换4×16的数据a3, a2, a1, a0
        // 为 0, a3, 0, a2, 0, a1, 0, a0,
        // 并对b进行相同的处理
        VLDRH.U32 Q1, [R0]     // Q1 为A
        VLDRH.U32 Q2, [R1]     // Q2 为B
        VMULLB.P16 Q0, Q1, Q2 // Q0将存储结果(=a.b)
        VLDRH.U32 Q4, [R1, Q6, UXTW #1] // Q4 = b16
        VMULLB.P16 Q5, Q1, Q4           // Q5为a.b16
        VLDRH.U32 Q3, [R0, Q6, UXTW #1] // Q3 = a16
        VMULLB.P16 Q6, Q3, Q2           // Q6为a16.b
        // 生成 a'16 = (a2, a1, a0, 0)——不需要存储a3, 因为
        // 我们只对中间的两部分感兴趣
        VSHLC Q1, R4, #32

        // s = Q5 + Q6 (EOR是多项式加法) = a.b16 + a16.b
        VEOR Q5, Q5, Q6 // Q5为s
        // 现在处理s可以得到(0, s2, s3 + s1, s0) << 16
        VMOV R5, R4, Q5[3], Q5[1]
        EOR R5, R5, R4
        MOV R4, 0x0FF0
        VMSR P0, R4
        VMOV Q5[3], Q5[1], R5, R3
        VSHLC Q5, R3, #16 // 只是确保零进位,
        // 并将结果加到Q0中
        VEOR Q0, Q0, Q5 // 按位异或到结果中

        // 计算a'16 * b16 = (?, a1b3, a0b2, ?)
        VMULLB.P16 Q5, Q1, Q4
        // 生成 b'16 = (b2, b1, b0, 0)——不需要存储b3, 因为
        // 我们只对中间的两部分感兴趣
        VSHLC Q2, R4, #32
        // 计算a16 * b'16 = (?, a3b1, a2b0, ?)
        VMULLB.P16 Q3, Q2, Q3
        // 通过预测将(?, a3b1, a2b0, ?)
        // 和(?, a1b3, a0b2, ?)依次相加
        VPSTT
        VEORT Q0, Q0, Q5
        VEORT Q0, Q0, Q3

        VSTRW.32 Q0, [R2] // 存储最终结果
        VPOP {Q4, Q5, Q6}
        POP {R4, R5, R6}
        BX LR
```

值得注意的是，如果在循环中使用此代码来计算更大的多项式，则此代码还有进一步的优化空间。例如，可以尽量避免对矢量寄存器的压栈和出栈操作，也可以在循环结构外一次性计算出预测和偏移寄存器值。

**合成更大的多项式乘法运算**

许多算法需要对更大的多项式进行运算，例如常见的有 128 位或 256 位。对此可以采用类似长乘法的运算过程，通过几个较小的乘法再结合移位和加法运算以实现较大的乘法（如上文所述，对于多项式，使用 XOR 运算进行无进位加法）。由上可得，要执行 128 位的乘法，需要使用上文介绍的 64 位乘法代码执行 4 次。

另一种方法是使用 Karatsuba 算法构造一个 $n$ 位多项式乘法器。其本质上是一种分而治之的方法。可以使用 3 个乘法（每个的大小是原始大小的一半）加上一些加法和移位运算来计算两个数字的乘积。该算法并非特定于多项式乘法，也可以用于加速传统算术中的长乘法。

接下来考虑两个多项式，它们的数字分成两半 $\{a,b\}$ 和 $\{c,d\}$。

然后通过以下步骤计算两者的乘积：

```
1. ac = a * c // 两个输入高半部的乘积

2. bd = b * d // 两个输入低半部的乘积

3. ab_mul_cd = (a XOR b) * (c XOR d) // XOR为多项式加法，所以该公式的运算结果为
                                        ac+ad+bc+bd
```

如上已经执行了 3 个乘法，接下来只需要执行移位和加法即可得到结果。首先，计算一个中间项：

```
4. ad_plus_bc = ab_mul_cd XOR ac XOR bd // 仅得到 ad + bc
```

最后，得到最终结果。使用前面看到的符号来表示结果的 4 个部分以及中间值的上半部分和下半部分，可得：

- `Result.3 = ac.1`
- `Result.2 = ac.0 XOR ad_plus_bc.1`
- `Result.1 = bd.1 XOR ad_plus_bc.0`
- `Result.0 = bd.0`

这意味着利用以上算法可以通过计算 3 个 128 位的多项式乘法来完成 256 位的多项式乘法运算。虽然这种方法使用了较少的乘法，但需要更多的加法和矢量运算，因此该算法通常只对足够大的多项式有更好的运算效率。

# 第12章 神经网络和机器学习

在快速增长的IoT领域，许多系统中需要引入传感器来收集数据。这些包括音频、视频、GPS位置及温度和湿度等环境数据。它们通常在云端处理，这意味着边缘设备需要网络连接。随着收集的数据量越来越大，需要大量的算力来生成有用的结果。通常，IoT系统的流程是：上传数据到网络上的服务器，服务器发回处理过的数据，然后边缘设备依据处理后的数据来执行。现在，此类系统越来越多地采用机器学习技术。

机器学习是人工智能领域一个令人兴奋的新分支，在其中机器会根据经验对算法进行调整。机器学习按照一个模型对一组输入数据进行计算，以生成一些有用的输出。机器学习的模型并不是一些固定算法的程序实现，而是通过大量数据“训练”得到的。“训练”后的模型又被用来对新的数据进行“推理”。起初，机器学习算法是面向强算力的计算机推出的，运行在云端数据中心或者桌面上，通常使用图形处理器（Graphics Processor Unit，GPU）或专用的加速器来提高性能。基于神经网络（Neural Network，NN）的解决方案在语音识别、自然语言处理和图像分类等应用中表现出很高的准确性。

目前，可以在基于Cortex-M微控制器的边缘设备上部署神经网络算法。这样做有几处明显的优势，如下所示：

- 成本——一个微控制器加传感器节点的批量生产成本可能只有几美分。在一些不需要边缘设备具有联网或无线功能的系统中，可以节省更多的成本。
- 延迟和带宽——在边缘设备部署算法可以消除与中央服务器网络通信有关的延迟和带宽成本。这也使得系统在网络连接受限的地方更容易部署，更加可靠。
- 功耗——一个Cortex-M设备消耗的能量比一个具有强大的CPU和GPU的复杂系统少几个数量级。在节点上进行数据分类也比与服务器进行网络通信的能耗更少。
- 隐私和安全——潜在的敏感图像或音频数据在本地处理，而不是上传到云端处理。

Helium通过大幅加强NN性能进一步扩展了在边缘设备上部署NN的能力。

需要注意的是，在边缘设备上部署神经网络算法同样存在很多限制，特别是边缘设备处理器的性能远低于服务器。而且，许多应用对实时性有要求，并且需要一直在线。这意味着在 NN 推理中执行的总操作数有一个固定的上限值。此外，微控制器可用的内存非常有限，通常要将整个 NN 模型放入可用的几千字节以内。可以通过小心地优化 NN 本身，或者针对性能和内存占用来优化底层代码以解决上述问题。

谷歌的 MobileNet v1 图像分类模型（2017 年发布）运行于智能手机上，所需内存超过 15MB，所需乘加运算超过 4 亿次。很明显，为了将这类模型部署在边缘设备上，模型需要更小（为了存入有限的内存），同时也需要执行时的计算成本更低。上述要求可以通过减少模型能力（也许只识别少量单词或图像类型）、减少精度或减小数据大小（例如，采用更小的输入图像维度）来实现。正如我们将要看到的，将 NN 模型转换成使用整型算法，并且利用 Helium 内置的硬件特性，同样可以实现上述需求。

本章将在介绍 CMSIS-NN 之前，回顾一下之前提到过的神经网络。CMSIS-NN 是一个开源的优化软件内核库，针对 Cortex-M 内核最大化 NN 性能。本章将介绍从标准神经网络框架（例如 Caffe 或 PyTorch）模型到 CMSIS-NN 的转换过程，还会介绍 TensorFlow Lite，给出训练模型并部署到具有 Helium 的 CPU 上的示例。最后，将会简要地介绍 CMSIS-DSP 库函数。它可以用于实现“传统的”，不使用神经网络的机器学习技术。

## 12.1 神经网络简介

神经网络是一类机器学习算法，被广泛地用于一系列应用中，包括图像分类、目标检测、自然语言处理和语音识别。

本书只会介绍如何使用 Helium 技术来有效地实现神经网络，如果想要进一步了解 ML 算法，读者应该参考其他资料。然而，为了说明如何使用关键的 Helium 特性，本章会对神经网络进行一个简单的概述。

尽管该领域的技术正在急速发展，但是 NN 常见的类型有：多层感知器（Multi-Layer Perceptron，MLP）、卷积神经网络（Convolutional Neural Network，CNN）和循环神经网络（Recurrent Neural Network，RNN）。

神经网络的基础是神经元的计算模型。该模型包含一组带有相应权重的输入，并通过激活（或转移）函数产生输出。每个神经元也有一个偏置，实际上是一个静态输入（如 1.0），必须给其加一个权重。加权的输入相加，然后激活函数将输入数值映射到输出信号。激活函数的例子包括双曲正切函数（tanh）或 Sigmoid 函数，Sigmoid 函数的输出值以 S 型分布在 0 到 1 之间。目前最常用的是整流函数（负输入时输出为 0，正输入时输出为等于输入的斜函数，即 $f(x)=\max(0,x)$。这些神经元连接在一起形成神经网络。

MLP 以人类大脑为模型，其结构是一组神经元，每个神经元被连接的节点激励。

图 12-1 展示了一个非常简单的三层神经网络。

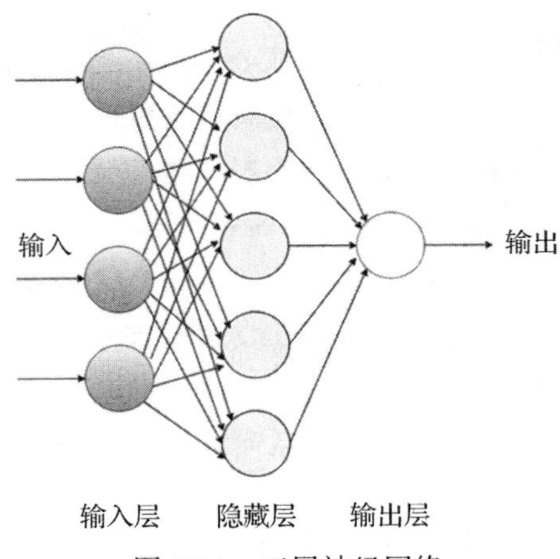


图 12-1　三层神经网络

输入（或可见）层在数据集中通常以一个输入值对应一个神经元的形式呈现（例如处理图像时每个像素有一个神经元），实际上也许不是一个神经元，而只是将输入传递给下一层。隐藏层是外部不可见的，可能存在多个隐藏层，“深度”这个词用于这种网络。输出层负责按所需格式输出一个值（或矢量）。一旦创建了神经网络的模型，就需要对其训练。这意味着要将一组训练数据应用于网络，并且通过迭代过程自动地调整每个神经元的权重值，以生成一个具有所需特征的神经网络。

### 12.1.1　卷积神经网络

卷积神经网络（CNN）最常用于图像识别，但也有很多其他应用（例如 AlphaGo，以击败世界上最厉害的围棋选手而闻名，其使用 CNN 来评估位置并建议如何走棋）。

简单来说，图像识别需要提供一个输入图像，该输入为一个像素值的三维数组。例如，一幅 640 × 480 的图像可以用一个 640 × 480 × 3 的字节数组表示，字节值代表每个像素的 RGB 强度。算法的输出是一组数字，描述图像是某一特定类的可能性（例如，这是一只猫的可能性是 0.95）。

CNN 的第一层为卷积层，它是在整个图像上移动的滤波器（也叫作内核或神经元）。滤波器是一个小的数组（权重，也叫作参数），和输入具有相同的深度。引用滤波器的区域叫作感受野。

滤波器对输入图像执行卷积，因此对于可以适用滤波器的每个独特的位置，都将产生一个数字，该数字是将图像的像素值和相应的滤波器值相乘并累加计算得到的。产生的二维数组称作激活图，或特征图。通常情况下会使用一个以上的滤波器，以保留更多空间信息。滤波器通常作为特征识别器，这意味着滤波器能够检测简单的特征，例如颜色、曲线、直线等。

CNN 通常包含多个卷积层，这意味着一个卷积层的输出激活图将作为另一个卷积层的输入。当执行进一步的滤波时，能够检测到更高层的特征，例如曲线和直线的组合。随着更多的卷积层加入网络，产生的激活图也能够表征越来越复杂的特征。此外，滤波器将具有更大的感受野，同时也受更大的原始图像的面积所影响。

在卷积层之间，通常会有整流线性单元（Rectified Linear Unit，ReLU）或池化层。ReLU 通过对所有输入应用函数 $f(x) = \max(0, x)$ 来给系统引入非线性。换句话说，所有负激励都被设为 0。这在硬件中是很容易执行的，并增加了网络的非线性属性。池化层的本质是对输入下采样，以减少参数或权重的数量，从而减少内存占用和周期数。此外，还减少了模型过拟合的可能性。

在网络末端的最后一层是全连接层，该层需要一个输入量（前一层的输出）并计算出一个 $N$ 维矢量，其中 $N$ 是模型产生的可能类别的数量。因此，如果网络能够将图像分类为一朵花、一只猫或一个人，那么它可能会产生 4 种输出：80% 的机会是一朵花，5% 的机会是一只猫，5% 的机会是一个人，10% 的机会是其他东西。通常会使用 Softmax 函数，该函数是一种激活函数，它会将数字转换为总和为 1 的概率。Softmax 函数输出一个矢量，代表一列潜在结果的概率分布。

CNN 是由训练过程创建的，这需要将一组图像应用到模型中，每幅图像以它所代表的内容标记，并通过一个称为反向传播的过程来调整滤波器的权重。每批训练图像都要重复这个过程，通常迭代次数是固定的。

反向传播可以看作每个迭代中 4 个独立的过程。在前向传递中，将一张训练图像应用于网络并查看输出。由于是以一组随机的权重开始，输出不能进行任何分类。该输出传递给损失函数，基于网络的输出与来自训练数据的期望输出进行对比，从而计算出一个值（例如，如果标记指出图像是一只猫，那么期望输出是 100% 的猫，其他都是 0%）。为了生成一个能够正确进行预测的网络，需要使损失最小化。要做到这一点，必须进行反向传递，以确定哪些权重对损失的影响最大，以及如何调整以减少损失。最后一步是权重更新，这里变换的速率被称为学习率（每次迭代权重的改变更大）。较高的学习率意味着能够更快地生成一组最佳的权重，但可能导致无法到达最优点。

### 12.1.2 循环神经网络

循环神经网络是神经网络的一类，用于处理具有序列特性的数据。一个神经语言处理的例子是有一系列单词需要处理。不像 CNN 拥有某个单一的图像作为输入，在 RNN 中，序列的输入顺序会影响输出。RNN 由一组模块组成，在模块中通过将一个权重矩阵与输入相乘生成一个隐藏状态矢量，并加上由一组递归权重与来自前一个时刻的“隐藏状态”矢量相乘的结果。这些递归权重矩阵对所有时刻都是一样的。

门控递归单元（Gated Recurrent Unit，GRU）提供了一种计算隐藏状态矢量的更复杂的方法，其允许模型更好地处理长距离依赖性。GRU 分成 3 部分，更新门、重置门和记忆容器。简单来说，如果更新门的值接近 1，就忽略当前输入，保留之前的隐藏状态。相反，如果更新门的值接近 0，就忽略隐藏状态的值，输出仅取决于当前输入。换句话说，更新门控制着之前隐藏状态对当前隐藏状态的影响程度。重置门允许模型丢掉与未来输出无关的信息。如果重置门的值接近 1，记忆容器保留之前的隐藏状态，如果值接近 0，就忽略之前的隐藏状态。

长短期记忆（Long Short-Term Memory，LSTM）与 GRU 工作方式类似。LSTM 包含 3 个“门”。每个门都有一个（sigmoid）神经网络层和一个乘法运算。sigmoid 层输出一个 0～1 之间的值，用于描述每个部件有多少被允许通过到下一阶段，其中 0 表示没有可以通过的，1 表示所有都可以通过。“遗忘”门控制着丢弃当前单元状态的哪些信息。“输入”门决定更新哪些值并创建一个新的候选矢量。“输出”门准确地过滤了输出多少单元的值。

## 12.2　CMSIS-NN

在 Cortex-M 设备上运行完整的 ML 框架是不切实际的。相反，我们通常希望在裸机或者最小的操作系统上运行代码，这样可以有效地利用可用的内存和时钟周期。Arm NN 使用 CMSIS-NN 函数将经过训练的模型转换为在 Cortex-M 内核上运行的代码。

CMSIS-NN 是用于 Arm Cortex-M 处理器内核的高效神经网络内核库。它旨在最大限度地提高性能并减少内存需求，以便能够在此类设备上成功运行。应用程序使用这些函数来实现 NN 推理程序，并且可以轻松地应用于常见的机器学习框架（例如 TensorFlow 等）。CMSIS-NN API 可以直接在应用程序代码中使用。CMSIS-NN 是公开的、免费的，并含有 Apache 2.0 开源许可证。提供的应用程序函数（以及 CMSIS-DSP 中的 DSP 函数）允许构建更复杂的 NN 模块，例如 LSTM。代码分为两部分：

- **NN 函数**——它包括了实现标准的神经网络层类型的函数，包括卷积、深度可分离卷积、全连接（即内积）、池化和激活函数。在某些情况下，会提供多个版本：一个是适用于所有情况的标准版本，其他的是针对特定用例进行优化的版本，这种情况可能存在参数限制或需要特定形式的输入。
- **NN 支持函数**——这包括 NN 函数中使用的支持函数，例如数据转换和激活表。提供的函数也可以在应用程序中用于库中未提供的更复杂的 NN 模块。其中一个例子：一个 GRU 层的实现（在 12.1 节中讨论）展示了如何创建这些，可以在下面链接中找到：

https://github.com/ARM-software/CMSIS_5/tree/develop/CMSIS/NN/Examples/ARM/arm_nn_examples/gru

CMSIS-NN 的一个关键特性是库函数对定点（8 位或 16 位）数据进行操作。从硬件的角度来看，它降低了计算的能耗成本，并减少了存储网络权重和激活所需的内存。这种向低精度定点的转换确实需要开发人员来执行必要的量化，但它不一定会降低 NN 的精度。

CMSIS 最初使用二次幂缩放的定点量化，它允许使用位移操作进行缩放。这种传统的量化格式正在被与 TensorFlow Lite for Microcontrollers 兼容的量化格式所取代。

### 12.2.1　CMSIS-NN 优化

CMSIS-NN 包括许多针对高效 NN 实现的重要优化。神经网络中最重要的低级运算是矩阵乘法，因此对该代码的优化至关重要。而对于大型矩阵的乘法运算，减少内存加载的总数尤为重要。

卷积层中要计算滤波器权重和输入特征图中小感受野之间的点积。执行图像识别的神经网络可能会花费超过 90% 的时钟周期来执行卷积运算，并且需要数十亿次浮点运算才能完成。它通过 `im2col`（image-to-column，将多维图片转化为二维数组）函数对输入进行重新排序和扩展，然后执行由通用矩阵乘法算法（GEneral Matrix-matrix Multiplication，GEMM）实现的矩阵乘法。GEMM 代表通用的矩阵和矩阵间的乘法。

正如之前看到的，图像可以被视为一个三维数组（第三维是红色、绿色和蓝色像素值）。进一步地，可以将其转换成二维数组，这样就可以当作矩阵来处理。每个卷积核都应用于图像中的一个小型三维立方体，可以从该立方体中获取所有数值并将它们转换为矩阵中的一列（这就是 `im2col`）。对卷积核权重值也执行相同的操作，即在第二个矩阵中创建行。`im2col` 函数的处理流程需要将输入值复制到多个列位置。该流程意味着大量的内存使用，而这也可能会导致微处理器系统上出现内存不足的问题。因此，在 CMSIS-NN 库中相应的代码一次仅扩展两列。这使得代码在保持较低的内存开销的同时，能够获得矩阵乘法的最佳性能。通过交织数据的移动和计算，可以最大限度地减少内存占用并获得更好的性能。

三维卷积层有两种常见的图像数据格式，即通道 – 高度 – 宽度（Channel-Height-Width，CHW）和高度 – 宽度 – 通道（Height-Width-Channel，HWC）。数据格式对矩阵乘法没有影响，但 HWC 格式提供了更高效的数据加载机制。因为每个（$x$，$y$）位置的数据都是连续存储的。因此，CMSIS-NN 库首选此格式。

CMSIS-NN 库通过将池化拆分为单独的 $x$ 和 $y$ 方向（即沿宽度，然后沿高度），改进了池化层的实现。这允许在 $y$ 方向上重用在 $x$ 方向上查找到的最大值和平均值的结果。采用内存地址不变，数据替换的方法来实现池化，可以避免额外的内存使用。当然，这确实也意味着输入数据将被销毁。比如 Sigmoid/Tanh 之类的激活函数是通过表查找而不是计算来实现的。ReLU 将任何负值转换为 0，因此较容易通过 SIMD 代码对其进行加速。

### 12.2.2 CMSIS-NN Helium 优化

对于 C 代码，当指定的 CPU 内核支持 Helium 特性且选择了适当的优化等级时，编译器将对那些可以满足矢量化条件的代码进行自动矢量化。此外，CMSIS-NN 库包含许多特定的 Helium 代码优化。这些是通过使用 `#define ARM_MATH_MVEI` 使能的。以上这两个因素为运行机器学习算法提供了显著的性能提升。除了选择适当的配置选项之外，程序员无须执行任何其他操作就可以实现性能的提升。

在前面的章节中我们已经看到了如何使用 Helium 对 DSP 中计算（如矩阵乘法和卷积）进行矢量化处理。同样地，这些操作也是神经网络的基础。CMSIS-NN 中也存在 Helium 优化的版本。例如，对于一个 NN 中支持的函数 `arm_nn_mat_mul_core_4x_s8()`，它使用 `VLDRB` 和 `VMLADAVA` 指令循环执行来实现 4 行乘以 1 列的矩阵乘法。在 Helium 优化的版本中，循环是展开的，因此可以使用 4 个 `LDRB` 指令加载 4 行对应的数值。这里将加载指令和乘法指令交织，以便指令可以重叠并使用尾部预测机制。

当查看 CMSIS-NN 卷积函数文件夹时，可以发现 `arm_convolve_s8()` 函数中存在特有的 Helium 版本的 `im2col` 函数代码实现，它可以实现卷积的高效计算。接着，该函数将调用上述 NN 中支持的矩阵乘法代码。卷积操作的其他部分也可以矢量化。例如，在文件 `arm_depthwise_conv_s8.c` 中，深度卷积函数会对其输出进行重新量化。该函数使用 Helium 特有的量化内联函数 `arm_requantize_mve` 对 4 个 32 位值的矢量执行操作，使其比标准的 Cortex-M 等价函数执行快得多。

除此之外，其他神经网络中的部分也存在 Helium 版本，包括池化、Softmax 和全连接层。在这里只选取其中一个进行详细解读。在 `arm_softmax_s8.c` 文件中，有 CMSIS-NN Softmax 函数的具体实现。Softmax 的标准实现涉及以下计算：

$$y_i = \frac{e^{x_i}}{\sum e^{x_j}}$$

然而，在微控制器上使用自然对数 e 的计算成本很高。同样，除法的计算成本也很高。该函数首先遍历一遍输入值，寻找到最大值。这一步骤很容易被矢量化，变成在循环中使用 `VCTP`、`VLDRB` 和 `VMAX` 指令来读取数据并找到最大值。可以使用函数名为 `arm_nn_exp_on_negative_values()` 的内联函数来计算 $e^x$，该函数定义在 `arm_nnsupportfunctions.h` 头文件中。它使用泰勒展开式来执行仅对小范围的输入负值有效的定点计算。

在同一份文件中还包含另外两个内联函数，即 `arm_divide_by_power_of_two()` 和 `arm_sat_doubling_high_mult()`。在 Softmax 相关的代码中会大量使用它们。以上两个函数都有一个 Helium 优化的版本，由 `_mve` 后缀表示。

标准的 `arm_sat_doubling_high_mult()` 函数使用 C 代码中的乘法运算符，后跟移位和比较来执行饱和运算。而 `arm_sat_doubling_high_mult_mve()` 版本仅使用一条 VQRDMULHQ 指令就能并行处理 4 个乘法 / 饱和运算，并且执行的速度要快一个数量级。

同理，`arm_nn_divide_by_power_of_two()` 函数使用右移来计算结果，使用 AND 运算来计算余数，然后使用一对 `if` 和递增运算来执行舍入。Helium 版本仅需使用 4 个矢量指令 VDUP、VSHR、VAND 和 VQADD 来处理 4 个除法。

## 12.3 微控制器 TensorFlow Lite

针对具有 Helium 特性的 Cortex-M 设备开发机器学习解决方案的时候，在考虑到硬件限制的基础上，需要选择神经网络模型的类型并生成训练好的模型。然后，再将生成的模型转换为可部署模型，并使用优化的 CMSIS-NN 函数为硬件生成代码。

TensorFlow 是一个最初由谷歌开发的用于机器学习的免费开源软件库。在它的网站（https://www.tensorflow.org/）上提供了大量教程和介绍性材料，可以轻松创建和部署机器学习模型。

TensorFlow Lite 是一组工具集，可以用于轻松地在较小的设备（只支持较小的二进制大小且可用的计算能力较低的设备，例如手机、IoT 边缘节点和微控制器）上运行 TensorFlow 模型。TensorFlow Lite 主要包括两个部分。其中，TensorFlow Lite 解释器在这些较小的设备上运行专门优化后的模型，而 TensorFlow Lite 转换器将 TensorFlow 模型转换为一种更高效的形式（即更高的性能和更小的二进制大小）以供解释器使用。TensorFlow Lite 可以支持多种平台，包括 Android、iOS 和嵌入式 Linux，并提供 C++、Java、Python 等语言的 API。除此之外，它还包含一组可以轻松定制的，用于常见机器学习任务的预训练模型。TensorFlow Lite 已经在数十亿移动设备上使用，例如谷歌相册和 Gmail 等应用程序。

面向微控制器的 TensorFlow Lite（TensorFlow Lite for Microcontroller，TFLM）是 TensorFlow Lite 针对微处理器的移植版本。TFLM 可以让模型在非常小的微控制器设备上运行，而不需要标准 C/C++ 库或操作系统的支持。TFLM 的核心运行时代码和使用到的机器学习模型可以装入内存不足 32KB 的 Arm Cortex-M 设备中。

可以通过许多广泛可用的资源和免费提供的示例了解 TensorFlow，这些示例包括图像分类、关键字检测等各类应用场景。本章并不打算重复现有的教程，而是与读者一起探讨如何在基于 Helium 的微控制器设备上训练和部署 TensorFlow 模型。

因此，首先需要训练 TensorFlow 模型（或下载示例）。模型训练的过程并不在目标微控制器上进行。接着，需要将训练好的模型转换为标准的 TensorFlow Lite 格式，执行量化并转换为 C 字节数组。

接着，需要编写代码来收集数据（例如，通过麦克风、摄像头或其他传感器收集），使用 TensorFlow Lite 微控制器 C++ 库来运行模型，该库中包含了底层内存管理的处理代码。接下来，还需要添加能够在系统中使用模型输出的代码，并在最后将此代码部署到目标上。

这里需要注意一些限制因素。设备上可用于存储模型的内存，以及实时处理系统的有限的执行能力，都将成为限制。使用量化模型对这些情况会有所帮助，因为这些模型更小，执行效率更高。面向微控制器的 TensorFlow Lite 库仅支持 TensorFlow 中部分可用功能。随着时间的推移，更多的功能将被添加到 TensorFlow Lite 代码库中，因此有必要查阅文档以获取详细信息。例如，目前无法支持某些类型的 RNN 模型。

### 12.3.1　用于微控制器和 CMSIS-NN 的 TensorFlow Lite

在 TensorFlow 代码仓库中，目录 micro/kernels/cmsis-nn 中包含了使用 CMSIS-NN 的优化内核。可以通过将 `TAGS=cmsis-nn` 添加到 make 命令行来选择使用 CMSIS-NN 库。

CMSIS-NN 支持两种 API，“传统” API 以及支持 TFLM 对称量化方案的 API。适配 TFLM 的 API 支持：对输入或滤波器偏移，每个通道量化而非每层量化，融合激活，每层输出偏移和更复杂的重新量化。由于 CMSIS-NN 的进一步开发将集中在新的 API 上，因此 Helium 的优化也主要体现在支持这类 TFLM API 的函数上。

这些函数中的大多数都具有 `_s8` 后缀。关于“传统” API，将在 12.4 节中介绍。

### 12.3.2　模型转换

得到一个模型后，就需要对其进行优化，使得它能够在微控制器设备的约束条件下成功运行。如前所述，优化的关键步骤是对大小和速度的量化处理。

通常，为了将权重因子和激活因子完全量化成整数，需要测量输入和激活因子的动态范围来对转换进行校准。权重因子和激活因子由 8 位 2 的补码来表示，范围为 −128～+127，尽管激活因子不一定具有零点。

通过执行量化感知训练可以获得最佳结果，但在使用预训练模型时，这也许是不可能的。在 TensorFlow Lite 模型代码库中提供了预训练的完全量化模型。

经过训练的 TensorFlow 模型需要转换为 FlatBuffer 并进行修改后，才可以使用 TensorFlow

Lite 操作。转换和修改的过程是通过使用 TensorFlow Lite 转换器 Python API 完成的，该 API 生成一个 .tflite 文件。UNIX 命令 xxd 可以将该文件转换为以字符型数组来保存模型的 C 源文件。

### 12.3.3 在 Helium Cortex-M CPU 上部署模型

推理，即基于一些输入数据在目标设备上执行 TensorFlow Lite 模型。推理必须由 TensorFlow Lite 解释器来执行。推理的过程涉及：

- 将模型加载到内存中。在微控制器环境中，这通常通过将模型编码为 C 代码中的数组来完成。
- 将输入数据转换为模型所需的格式。
- 使用 TensorFlow Lite API 执行模型。这可能涉及构建解释器和分配张量。
- 使用输出。

在 GitHub 上的 TensorFlow 代码库中包含（在根目录 micro 中）用于微控制器 C++ 库的 TensorFlowLite。代码库很大，包含了一系列脚本和工程示例文件。这些文件可以用来提取对应的源文件，从而方便模型部署到目标上。

在将代码部署到目标上时，必须包含库的头文件以及模型，设置错误记录和上报（这将取决于目标硬件），加载模型和操作解析器（由于模型将仅使用可用操作的子集，操作解释器将随模型而变化）。（在微控制器环境中，加载未使用的代码是没有意义的。）除此之外，需要为输入、输出和中间计算的临时存储分配内存，创建解释器的实例，并分配张量。

### 12.3.4 关键字检测示例

关键字检测（KeyWord Spotting，KWS）正在成为智能设备用户界面中极其重要的一部分，它允许用户通过正常语音进行交互。检测到关键字可能会唤醒设备，并在本地或云端激活全功能的语音识别。在一些更简单的应用程序中，关键字可能是智能设备的语音命令（例如，开关某些器件）。如果想提供良好的用户体验，就需要高精度和实时响应。通常由于关键字检测代码必须一直运行，因此对功耗有严格的限制。处理方法之一则是将连续的音频数据传输到云端。这会显著增加延迟，给终端用户带来隐私问题，并会给网络带来严重的负载。这些影响意味着 KWS 代码最好运行在边缘端。神经网络被广泛用于关键字检测的实现。Helium 能够显著加速神经网络实现的 KWS 代码，这种能力使得它得到了更广泛的应用。

在计算能力和可用内存都有限的微控制器上运行神经网络代码，意味着必须选择正确类型的 NN 模型。微控制器系统可能只有几十到几百 KB 的可用内存。这意味着神经网络的

输入 / 输出层、权重和激活必须满足这种较小的内存预算。此外，每个神经网络推理的操作总数可能受到微控制器时钟速度的限制，该速度将远低于服务器甚至移动电话处理器中的时钟速度。

这些限制意味着，部署工作中一个重要的步骤就是针对任务选择最佳的模型。这需要在模型大小和精度之间进行折中。通常，需要使用较小的模型，因为足够小的模型才能适合目标。在网络架构中使用更少（和更小）的层，可以使得模型更小，但是这也很可能导致欠拟合的问题。因此，通常使用运行时内存占用不超过 16KB 的最大模型来适配系统限制。

KWS 系统通常由输入音频数据源、特征提取器和神经网络分类器组成。

音频输入信号被分成大小相等的重叠帧，并将每帧内容传递到特征提取器。这一工程算法来源于基于 non-NN 的语音处理研究，它将时域语音信号转换为一组频域频谱系数，从而对输入信号进行维度上的压缩。

近年来，人们针对如何从音频数据中高效地提取关键字进行了大量技术研究，几种不同的标准神经网络架构都可供使用。目前本文已经介绍了不同类型的 NN，包括 CNN 和 RNN。对于关键字检测，尽管深度网络的内存要求相对较高，但是它每次推理的操作次数最少，因此非常适合处理器能力十分有限的系统。而 CNN 识别准确度更高，但也需要更高的处理能力。对于小型的微控制器，一种称为深度可分离卷积神经网络（Depthwise Separable Convolutional Neural Network，DSCNN）模型，通常可以在达到最佳精度的同时仅需要较低的计算 / 内存密集度。

DS-CNN 使用单独的二维滤波器对输入特征图中的每个通道执行卷积。然后，再进行 1 × 1 卷积，将输出与深度维度结合起来。将三维卷积分解为二维卷积与一维卷积结合的形式，可以减少参数和操作的数量。这样的转换使得微控制器上可以部署更深、更宽的 NN 架构。

### 运行示例

TFLM 中包含一个名为 micro_speech 的示例。该示例提供了如何将其部署到一系列平台的说明。还包括一些关于 Cortex-M mbed 平台的详细描述，标题为“使用 Google TensorFlow Lite 构建 Arm Cortex-M 语音助手”，可从网址 developer.arm.com 获得。由于具体操作取决于所使用的目标板，因此这里很难给出精确的说明。

运行示例需要一台安装了 Arm 工具、CMSIS 库、Python3 及其相关软件包安装程序 `pip` 的 PC，以及其他标准 UNIX 工具，例如 `make`（4.2.2 或更高版本）和 `git`。可能还需要安装一些 Python 库。

可以使用以下命令下载 TensorFlow 代码仓库：

```
git clone https://github.com/tensorflow/tensorflow.git
```

然后，就可以按照以下方法构建二进制文件：

```
make -f tensorflow/lite/micro/tools/make/Makefile micro_speech_bin
```

如果要使用 CMSIS 库，就需要再添加 `TAGS="cmsis-nn"`，或为 `TARGET` 指定一个选项。

如果目标板不在支持范围内，那么可能需要根据环境对代码进行修改。

文件 `command_responder.cc` 包含一个 `RespondToCommand` 方法。它可以使用串行端口或打开不同的 LED，这取决于是否检测到 yes、no 或未知词。可能需要对它进行修改，以在环境中生成合适的输出。文件 `audio_provider.cc` 从麦克风捕获音频。运行示例需要为电路板提供合适的等效物或预先录制的音频样本。主要代码通过查看保存数据的循环缓冲区上的时间戳来检查新的音频数据。

构建二进制文件后，就可以演示设备对单词 yes 和 no 的响应了。

## 12.4 针对 Helium 转换神经网络

除了刚刚描述的 TensorFlow Lite 示例之外，还可以从其他框架（例如 Caffe、PyTorch 等）获取工作模型，然后手动将其转换为 CMSIS-NN 的相关模型。从而运行在支持 Helium 的设备上。

以下链接对上述转换过程进行了非常详细的介绍：

https://developer.arm.com/solutions/machine-learning-on-arm/developer-material/how-to-guides/converting-a-neural-network-for-arm-cortex-m-with-cmsis-nn/

值得注意的是，接下来的介绍的并不是 Helium 特有的内容。如前所述，只需在库和 C 编译器中使用 Helium 就足以获得更好的性能。因此，可以按照 Arm 网站和其他地方的示例来进行操作。这些示例提供了使用特定模型和应用程序（如图像识别等）的每一步操作说明。

例如，以下链接介绍了如何在 Cortex-M 处理器上使用标准图像识别机器学习（ML）模型：

https://developer.arm.com/solutions/machine-learning-on-arm/developer-material/how-to-guides/image-recognition-on-arm-cortex-m-with-cmsis-nn/single-page

将模型移植到 CMSIS-NN 的流程涉及以下阶段：

1）**层映射**——将层映射到 CMSIS-NN 支持的层。如果模型使用库中未实现的层，则自己有必要使用 CMSIS-NN 支持函数和 CMSIS-DSP 来实现这些层。

2）**数据布局**——确保模型的数据布局与 CMSIS-NN 要求相匹配，并在必要时对权重重新排序。

3）**量化**——选择适当的量化方案和定点格式。根据层类型和量化方案的约束，为每一层选择输入和输出 Q 格式。

4）**实现**——创建 CMSIS-NN 的实现，包括缓冲区分配、函数调用、正确排序和量化的权重及偏置。

5）**测试**——测试实现并在必要时迭代。

6）**优化**——优化代码。

#### 1. 层映射

正如我们所见，CMSIS-NN 支持许多常见类型的层。必须对模型中每一层与其 CMSIS-NN 等效层之间的映射进行确认。如果层类型是未直接支持的，那么就必须自己实现它。当前未实现的两种常见层类型是 GRU 和 LSTM。CMSIS/NN/arm_nn_examples/gru 中提供了 GRU 实现，此示例可用作学习如何实现其他层的入门教程。LSTM 层的实现，可以通过使用 Sigmoid 和 Tanh 激活函数，以及 CMSIS-NN 中采用了 CMSIS-DSP 的矢量积函数的全连接层完成。

#### 2. 数据布局

相比于 CMSIS-NN，机器学习框架的数据在内存中可能有不同的排列方式。例如，矩阵中的元素可以按行排列或按列排列，甚至很有可能需要处理更多维度的输入数据。这通常适用于全连接层和卷积层。因此，需要确保对权重进行重新排序，才能从 CMSIS-NN 和原始 ML 层获得相同的输出。请注意，此处还有一个单独用于优化的权重重新排序。

#### 3. 量化

神经网络通常使用浮点权重和浮点激活因子进行训练。研究表明，使用降低精度的浮点型或整型或定点型权重，运行 NN 可以使得精度损失最小。这个量化过程可以通过执行“量化感知”训练或后期训练来完成。可以只量化模型权重，也可以同时量化权重和激活因子。

相比于默认的 32 位浮点数据，量化会降低模型参数的精度。通过使用 8 位或 16 位表示 32 位的数据，可以将模型缩小 50% 或 75%。此外，Helium 可以在每条指令中执行更多的 8 位或 16 位计算，以此减少延迟并增加每个时钟周期内执行的操作。在对参数进行量化后，针对使用缓存的系统，参数可以更好地命中缓存。一般来说，量化到 float16 类型会产生微不足道的精度损失，而量化到整型可能会产生更高级别的精度损失（但通常这是可以接受的）。也有可能以不同的方式分别量化权重和激活因子。

以下说明适用于 CMSIS-NN 的传统量化方案。正如在 12.3 节中看到的，TensorFlow

Lite 使用了不同的量化方案。

将模型从浮点运算切换到定点运算可能会引入错误并降低精度。训练量化网络将会产生更好的结果，但也更复杂，而且它排除了使用预先训练好的模型。一些框架提供了允许使用量化效应的网络训练工具，但这些工具通常与定点 CMSIS 内核并不完全相同。

相反，我们可以选择对已经训练好的网络进行量化。这更简单，并且无论最初使用的框架如何，过程都是相同的。我们选择 8 位或 16 位的字大小，然后可以简单地生成权重和偏置。大多数 CMSIS-NN 函数都有 8 位版本和 16 位版本。通常，应该始终使用相同的大小，否则，层之间将需要在 8 位和 16 位之间进行转换。

对于激活值，我们需要知道被量化值的数值范围。这需要将一系列输入应用于网络（理想情况下是完整的训练模式），并记录有关每层输入值和输出值的统计信息。统计信息中至少需要有最小值和最大值信息，但也可能包含数值分布相关的信息，以便以后可以尝试一些其他的量化方案。一种简单的方法是包含从最小值到最大值的全部数值，但是集中于最常见的值或丢弃异常值的量化方案通常可以获得更好的结果。由于网络性能可能取决于所选的量化方案，因此可能需要对某些层重复该步骤以提高性能。

在选择量化方案后，可以选择层输入和输出的 Q 格式。某些层对输出格式设置了约束。例如，要求最大池的 CMSIS-NN 实现对输入格式和输出格式使用相同的 Q 格式。全连接层和卷积层允许通过移动偏置以及输出值来对输出格式和输入格式进行区分。

从输入开始，通过迭代来选择每一层的 Q 格式。输入 Q 格式是根据训练模式的统计数据得出的。如果输入层是全连接层或卷积层，则根据输出统计信息选择输出 Q 格式。否则，输出 Q 格式由层类型和输入格式设定。

当获得了全连接层和卷积层的输入和输出的 Q 格式，就可以计算偏置偏移和输出偏移。在模型的计算过程中，不同类型数据（输入、权重、偏置和输出）的定点表示可能不相同。偏置和输出的比例因子作为参数传递给函数。由于缩放基于 2 的幂次，因此可以使用按位移进行缩放。我们使用输入参数 `bias_shift` 和 `out_shift` 来进行缩放，因此有以下公式：

```
bias_shift = Ninput + Nweight - Nbias
out_shift = Ninput + Nweight - Noutput
```

其中 `Ninput`、`Nweight`、`Nbias` 和 `Noutput` 是输入、权重、偏置和输出数值的小数位数。

**4. 实现**

生成 CMSIS-NN 实现的过程是从第一层开始，依次遍历每一层。如果是全连接或卷积层，则必须对重新排序的权重和偏置进行量化，并将系数放入 C 数组中。然后，再计算偏置、输出偏移和 Q 格式，从而可生成对相应代码的函数调用。对于其他层而言，则需要使用适当参数的函数调用。每一层都可能需要分配内存缓冲区，包括输入缓冲区和输出缓冲区（两个缓冲区可能相同，例如用于池化层的缓冲区），在某些情况下还需要分配用于工作数据的临时缓冲区。

如果要把网络部署好，就必须考虑其输入和输出。通常需要创建代码，将系统中传感器的输入转换为网络输入层所期望的 Q 格式。在实现模型时，此 Q 格式转换的约束可能是一个影响因素。输出可能还需要一些后处理，以使其成为系统中后续代码可用的格式。

**5. 测试**

有必要对实现进行测试。显然，测试的第一步是确保模型已得到了正确的实现。但是，由于量化和定点实现的使用会显著影响性能，因此还要在一整套测试模式上测量性能，并与原始模型进行比较。

**6. 优化**

CMSIS-NN 中某些函数具有多个版本。对于某些层，存在特定的 `_opt` 版本，这些版本需要对权重进行重新排序。还有一些版本针对特定层的维度进行了优化。使用每层的最高效版本可提高性能并可能减少内存占用。通过重用网络中未同时使用的缓冲区，也可以减少内存使用量。

## 12.5　经典机器学习

到目前为止，我们已经研究了神经网络。然而，机器学习的领域比这更广泛。CMSIS-DSP 包括实现其他统计机器学习技术的函数，其中包括支持向量机（Support Vector Machine，SVM）、高斯朴素贝叶斯分类器和聚类分析。这些方法的执行速度比神经网络快得多，而且它们与神经网络不同，通常可以解释它们是如何实现推理的。然而，与简单地使用一个预先训练好的神经网络相比，它们的实现需要更多的专业知识。典型应用包括图像识别、音频分类、自然语言处理和异常检测。

由于本书的重点是 Helium，有兴趣的读者可参考其他资料来了解。其中，CMSIS-DSP 包含示例和文档，无须修改即可在支持 Helium 特性的 CPU 上运行。建议读者从运行这些示例开始入手。

在此，我们将简要总结一下 CMSIS-DSP 中可用的内容，并指出一些基于 Helium 的优化。经典的机器学习（ML）函数仅支持单精度浮点。

新的函数包含在以下 CMSIS-DSP 的目录中：

- **SVM 函数**——提供了用于实现 SVM 的函数。SVM 是一种机器学习模型，它使用分类算法来解决两组分类问题。在使用带标签的每个类别的训练数据集进行 SVM 模型训练后，它可以对新的输入集进行分类。SVM 可以支持四种分类器：线性分类器、多项式分类器、径向基函数分类器和 Sigmoid 分类器。

- **贝叶斯估计器**——为实现贝叶斯分类器提供了支持。贝叶斯分类器是简单的概率分类器，用于预测某些输入的最可能类别。
- **距离函数**——聚类算法将一组点划分为相似点的不同聚类。它们使用一些方法来测量点的距离或相似程度，并且通常依赖于距离函数来实现此目的。CMSIS-DSP 提供了许多常用的距离函数。
- **支持函数**——该目录中的函数主要包含常规 DSP 支持的类型转换、排序和复制操作，还有两个计算经典 ML 算法加权和的函数。
- **统计函数**——同上所述，该目录中的函数主要包含通用的 DSP 函数，例如平均值、标准差等。但是，它还有两个与 ML 相关的函数——`arm_entropy_f32()` 用于计算概率分布的熵，`arm_kullback_leibler_f32()` 用于计算两个概率分布之间的 Kullback-Leibler 散度。

这些 CMSIS 函数中有许多具有矢量化的 Helium 版本，这些版本由预处理器定义 `ARM_MATH_MVEF` 选择使能。例如，函数 `arm_gaussian_naive_bayes_predict()` 能够利用 `VLDR`、`VMUL`、`VADD`、`VFMA` 和 `VSUB` 指令以及尾部预测来并行地执行 4 次计算。对于那些不直接由 Helium 指令处理的算法部分，可以使用矢量化内联函数。例如，在 `arm_vec_math.h` 中定义的函数 `vrecip_medprec_f32()` 使用牛顿法对含有 4 个单精度浮点值的矢量计算倒数，并且内联函数 `vlogq_f32()` 使用带有查找表的矢量运算。

同理，可以在 SVM（例如 `arm_svm_linear_predict_f32.c`）、距离函数（例如 `arm_chebyshev_distance_f32.c`）、支持函数（例如 `arm_barycenter_f32.c`）和统计（例如 `arm_kullback_leibler_f32.c`）的库中找到相应的矢量化 Helium 代码。

# 参考答案

### 第 1 章

1. 128 个。共有 8 个 128 位宽的寄存器，每个寄存器都可以存储 16 个 8 位数值。

2. Armv8.1-M 架构。

3. 不支持。虽然 FPU 提供了可选的双精度浮点型，但是 Helium 只提供了对浮点数的单精度和半精度的矢量运算。

### 第 2 章

1. 单指令多数据。

2. +127。

3. 相比于单精度，半精度浮点数可以在每条指令中执行双倍的计算量，这可以使性能得到显著提升。存储半精度数值占用的内存是单精度数值的一半，内存占用在采用大数组和有限的内存时是一个关键因素。

### 第 3 章

1. S4～S7。

2. 4 个。

3. 尾部预测。

4. 无符号 32 位整型。

### 第 4 章

1. VADD。

2. VFMA 指令将 2 个矢量寄存器相乘，VMLA 指令将矢量寄存器和标量值相乘。

3. IT（If-Then）决定整条指令执行与否，而 VPT 决定矢量寄存器中的单个通道执行与否。

### 第 5 章

1. 会缩窄，该指令取 32 位的矢量值，并将之以字节大小写回内存中。

2. 0x1040。

3. 离散 – 聚合加载操作从一组非连续的地址读取数据，这些地址相对基地址的偏移量由一个矢量寄存器给出。普通的加载操作按顺序从一组连续的内存地址读取数据。

**第 6 章**

1. DLS 保证至少执行一次循环迭代。如果迭代计数为 0，那么 WLS 会跳转到循环结尾（通过标号指定）。

2. LCTP 指令用于跳出（提前终止）尾部预测循环。

3. 不使用。LSLL 指令操作的 64 位数值存储在 2 个通用寄存器中。

**第 7 章**

1. CMSIS 是针对基于 Arm 的微控制器的硬件抽象层，它提供了标准的软件接口，包括用于 DSP 和机器学习的 Helium 库。

2. 需要使用 -O2 或更高的优化等级。

3. 原语函数是一种内置函数，它会在编译阶段被特定的底层指令序列替代。

**第 8 章**

1. PMU 允许软件以非侵入的方式收集有关软件执行的信息，包括周期数、指令数量和许多其他事件类型。

2. 运行于操作系统下的代码会受到许多因素的影响。例如，中断处理可能引起高速缓存中代码或数据的丢失，或者该代码可能和一些其他应用程序争夺共享资源。

3. 不同类型指令的交织可以提高某些 CPU（例如 Cortex-M55）的性能，这些 CPU 采用 Helium 的双矢令块实现。然而，架构并不保证所有的 CPU 实现都会出现这种行为，例如，具有不同流水线结构的 CPU 实现可能就不会出现这种行为。

# 扩展阅读

| 规　范 | 网　址 |
| --- | --- |
| Armv8.1-M Architecture Reference Manual ARM DDI 0553 | https://developer.arm.com/docs/ddi0553/bi |
| CMSIS Documentation | https://arm-software.github.io/CMSIS_5/General/html/index.html |
| Helium Intrinsics Reference | https://developer.arm.com/architectures/instruction-sets/simd-isas/helium/helium-intrinsics |
| Keil MDK Documentation | https://www2.keil.com/mdk5/docs |

# 推荐阅读

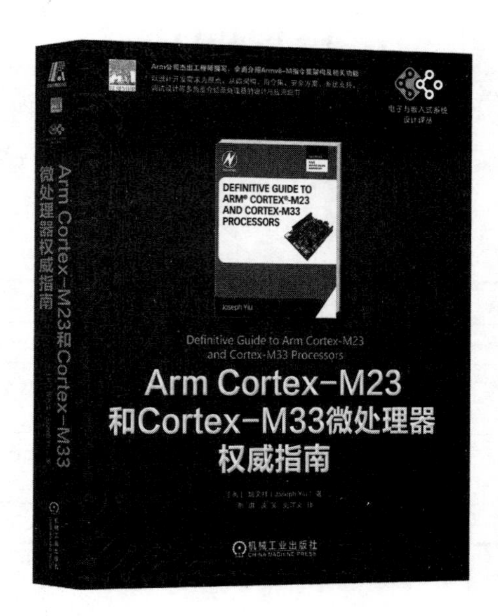


## Arm Cortex-M23和Cortex-M33微处理器权威指南

作者：[英] 姚文祥（Joseph Yiu）著 书号：978-7-111-73402-4 定价：259.00元

本书由Arm公司杰出工程师撰写，聚焦于Cortex-M23与Cortex-M33处理器所基于的Armv8-M指令集架构及其相关功能，内容涵盖指令集、编程者模型、中断处理、操作系统支持以及调试功能等处理器专题，并通过一系列实例展示了如何为Cortex-M23和Cortex-M33处理器开发应用程序，帮助嵌入式程序开发者了解和熟悉Armv8-M指令集架构的相关内容。

此外，本书详细介绍了TrustZone技术，包括如何利用TrustZone增强物联网应用的安全性，TrustZone的运行机制，该技术如何影响处理器硬件（例如，存储器架构、中断处理机制等），以及开发安全应用软件时的其他注意事项。

# 推荐阅读

## 嵌入式实时系统调试

作者：[美] 阿诺德・S.伯格 (Arnold S.Berger) 译者：杨鹏 胡训强

书号：978-7-111-72703-3 定价：79.00元

嵌入式系统已经进入了我们生活的方方面面，从智能手机到汽车、飞机，再到宇宙飞船、火星车，无处不在，其复杂程度和实时要求也在不断提高。鉴于当前嵌入式实时系统的复杂性还在继续上升，同时系统的实时性导致分析故障原因也越来越困难，调试已经成为产品生命周期中关键的一环，因此，亟需解决嵌入式实时系统调试的相关问题。

本书介绍了嵌入式实时系统的调试技术和策略，汇集了设计研发和构建调试工具的公司撰写的应用笔记和白皮书，通过对真实案例的学习和对专业工具（例如逻辑分析仪、JTAG调试器和性能分析仪）的深入研究，提出了调试实时系统的最佳实践。它遵循嵌入式系统的传统设计生命周期原理，指出了哪里会导致缺陷，并进一步阐述如何在未来的设计中发现和避免缺陷。此外，本书还研究了应用程序性能监控、单个程序运行跟踪记录以及多任务操作系统中单独运行应用程序的其他调试和控制方法。

# 推荐阅读

## AI嵌入式系统：算法优化与实现

作者：应忍冬 刘佩林 编著 书号：978-7-111-69325-3 定价：99.00元

本书介绍嵌入式系统中的机器学习算法优化原理、设计方法及其实现技术。内容涵盖通用嵌入式优化技术，包括基于SIMD指令集的优化、内存访问模式优化、参数量化等，并在此基础上介绍了信号处理层面的优化、AI推理算法优化及基于神经网络的AI算法训练—推理联合的优化理论与方法。此外，还通过多个自动搜索优化参数并生成C代码的案例介绍了通用的嵌入式环境下机器学习算法自动优化和部署工具开发的基本知识，通过应用示例和大量代码说明了AI算法在通用嵌入式系统中的实现方法，力求让读者在理解算法的基础上，通过实践掌握高效的AI嵌入式系统开发的知识与技能。